室內植物圖鑑

觀葉 × 多肉，從品種、挑選到照護，輕鬆打造植感生活

蘿倫·卡蜜勒里
蘇菲亞·凱普蘭　著　黃煦甯 譯

LAUREN CAMILLERI & SOPHIA KAPLAN OF *LEAF SUPPLY*

PLANTOPEDIA

The Definitive Guide to Houseplants

獻給下一代的植友
法蘭琪與拉菲

contents

目 錄

了解你的植物

不管對象是人還是植物，
養育生命都是人類與生俱來的天性，在步調越來越快的都市生活中，
栽培植物所帶來的益處不容忽視。

對於我們這種居住在都市公寓，親近大自然的機會少之又少的人，抑或是住在市郊等較偏遠地區的人來說，在家中栽種照顧植物是值得培養的興趣。

栽培照料室內植物不僅能帶來成就感，更是深具療癒效果，讓我們與大自然的關係更為緊密。現在人類已開始為破壞生態環境付出慘痛的代價，在這樣的關頭，明白大自然的價值跟其如何供養我們便顯得更為重要，這或許就是近年來室內植栽蔚為風潮的原因，當今的我們需要重新省思自己的生活方式並細心呵護我們的家園。

本書的內容淺顯易懂，含括有關室內植物的最新資訊，希望能讓讀者與植物更為親近，我們介紹了觀葉植物、多肉植物與仙人掌，從好入手的品種到稀有珍品，不管是園藝新手還是老手肯定都能找到喜歡的植物。本書將會簡單介紹各種屬的植物，再深入分析各個品種，鼓勵大家著手綠化生活、探索新事物。

當然所有植物原本都是生長在戶外的，本書所謂的「室內植物」指的是在住家和辦公空間也能成長茁壯的植物，幸好有諸多觀葉植物與多肉植物便是如此，例如天南星科（aroids）、蕨類、秋海棠屬（begonia）、葦仙人掌屬（*Rhipsalis*）和大戟屬（*Euphorbia*）。若想成功栽培植物，最好的方式便是營造如同棲息地的環境，因此必須了解它們的原產地以及生長型態，同時選擇最適合你所處環境的植物，一旦掌握了所有的條件和需求，你就能選出存活率最高的品種。

> ## 當然所有植物原本都是生長在戶外的，
> ## 本書所謂的「室內植物」指的是在住家和辦公空間
> ## 也能成長茁壯的植物。

為了方便查閱，本書條列了栽培須注意的基本要點：難易度、光線需求、澆水、栽培介質、濕度、繁殖、生長型態、擺放位置與毒性，列舉過程中可能遇上的問題與解決方法，也細數了可能導致植物病懨懨的常見病蟲害，有了這些基本知識，你就能應對植物的週期變化，愛上它們的不完美。最後面還有依照養護需求整理而成的索引以及根據難易度彙整的精美圖鑑索引，讓你能輕鬆挑選最契合你和生活環境的植物。要是在閱讀本書的過程中碰上不熟悉的詞彙，也可以參照名詞解釋，肯定會獲益良多。

多虧許多對植物充滿熱情的朋友大方出借盆栽，本書才能有這麼多漂亮的照片，讓大家得以一窺室內植物斑斕多變的形狀、質感、色彩與美，雖然本書並非無所不包，但內容詳盡，適用於所有等級的室內植物迷，希望能夠幫助你吸收新知，鼓舞你打造屬於自己的室內綠洲或進一步跳脫舒適圈。我們也很歡迎大家標記 @leaf_supply 和使用主題標籤 #plantopedia 與我們分享你的栽培心得，一起踏入植栽坑吧！

室內植物簡史

　　栽培觀賞植物的歷史悠久，在西元前 600 年，傳說中的巴比倫空中花園即是最早有書面記載為賞玩而建造的花園，而非作為農耕之用。據傳當時來自波斯的安美依迪絲皇后（Queen Amytis）十分想念家鄉的蓊鬱山林，國王尼布甲尼撒二世（King Nebuchadnezzar II）為了一解她的思鄉之苦才打造了這座花園，還真是浪漫啊！花園中種滿了橄欖、椰棗、開心果、梨子、波斯棗與無花果樹，造景如同她家鄉的青綠丘陵。神祕的是儘管空中花園為古代七大奇蹟之一，它的確切位置至今依然成謎，地點眾說紛紜加上又毫無考古證據，我們或許永遠都無法揭開這座花園的美麗面紗。

　　不過在古埃及、希臘和羅馬就有相當鉅細靡遺的記述，提及貴族於占地廣袤的領地室內外栽種植物，大多以可食用與開花植物為主；而在亞洲，以小中見大、模仿大型樹木的姿態結構為主軸的盆景藝術，於中國西元 2 世紀到 5 世紀蓬勃發展。

在歐洲，室內植物在西元 5 世紀西羅馬帝國走向滅亡後變得乏人問津，直到 14 世紀末文藝復興初期才風靡各地。隨著歐洲國家侵占並殖民美洲、非洲、亞洲與大洋洲，他們也帶回了各種植物，作為糧食、科學研究、大量生產和展示之用，上層階級為了展現財力會在早期的溫室「橘園」中栽培植物，讓柑橘等熱帶植物在較冷的氣候下也能生長。

然而雖然栽培室內植物一直以來都是上層階級的嗜好之一，這樣的消遣要到 19 世紀才會擴及至中產階級，隨著熱帶與亞熱帶植物的進口量大增，室內植物也蔚為流行，例如蜘蛛抱蛋屬（*Aspidistra*）就是由英國植物學家約翰・貝倫德・克・葛勒（John Bellenden Ker Gawler）於 1822 年推廣給英國大眾，之後因能在最陰暗的角落生存而在英文中獲得「鑄鐵植物」的別名。在玻璃漸漸普及之後，溫室在英國花園越來越常見，到了 20 世紀，燈具與供暖技術的進步讓更多品種的植物能在室內種植。

如同所有潮流，大眾對於室內植物的興趣不斷消長，在 20 世紀初，現代化對生活帶來的影響也造成喜好的轉變，維多利亞時代所崇尚滿是植物的空間如今成了過時的象徵，取而代之的是跟當時風格更為契合，有稜有角的仙人掌與多肉植物，後來二戰結束，室內植物又再度引發新一波熱潮，為當時單調冰冷的工作環境增色，這些生命力頑強的耐陰植物很快地便因公寓大樓林立而進駐家中，加上北歐風裝潢的流行、瑞典對龜背芋（Swiss cheese plant）和波士頓腎蕨（Boston fern）等室內植物的熱愛，於 1970 年代再一次受到關注。

時間快轉到 2020 年，室內植物又再次當之無愧地重返榮耀，近期研究指出它們能提升專注力、工作效率，還有益身心健康，希望隨著大家更加了解與植物共處的優點，它們會成為生活中不可或缺的存在。

關於植物學歷史

在談及大多為西方白種人對植物學與園藝學的貢獻之際，我們認為有必要強調這些學科的進展多半都是建立在原住民的犧牲上。為了種植經濟作物鞏固帝國，當地居民時常淪為奴隸，被迫勞動，他們的歷史以及對於當地植物的知識不是遭到漠視，就是被抹殺，儘管學名已約定俗成，還是有許多植物並不是歐洲植物學家發掘的，他們頂多是率先以西方命名法記錄下來罷了。這是涉及層面相當複雜的議題，不管在何處，原生植物的歷史都仍有有待商榷之處，我們必須要了解真正的歷史脈絡，傾聽原住民的聲音，努力打造更為平等的社群和世界。

植物分類

在18世紀，瑞典植物學家卡爾・林奈（Carl Linneaus）大力推廣二名法，
以兩個拉丁文字來賦予物種學名，
一個單字代表「屬名」，另一個則是「種小名」。

在二名法發明之前，植物的名稱取自發現者對該植物的特徵形容，因此時常會有 5 到 10 個單字構成的名字，也全然依靠外觀來判別，林奈的命名法通用於世界各地，可以讓不同國家的植物收藏家清楚判定品種，不會造成混淆或亂象。

反過來說，俗名也就是植物的通俗稱呼，為不清楚學名的人所用，關於植物俗名，國際上並沒有統一的書寫規則，因此會因地而異。對我們大多數人來說，一般還是會使用最為熟悉的俗名來指稱植物，或許你從沒聽過「*Nephrolepis exaltata*」，但家中搞不好就有一盆，只是對你來說它叫「波士頓腎蕨」，植物學名乍看之下可能生澀難懂，然而一旦了解規律和術語就會覺得相當簡單便利。

如上述所說，學名的第一個單字指的是「植物的屬名」，也就是對有同樣或相似特徵植物的稱呼，第二個單字是以小寫表示的「種小名」，區分出在屬下面確切的品種。根據植物命名法規，拉丁文一定要以斜體表示，手寫則畫底線，屬名字首大寫，例如龜背芋的拉丁學名為「*Monstera deliciosa*」，「*Monstera*」是屬名，「*deliciosa*」則是取自這種植物會結出的美味果實，此外若指稱龜背芋屬，英文可以寫作「*Monstera* sp.」，加上「物種 species」的縮寫。只要記住種小名的意思就能推敲出特定植物的原產地、偏好環境、生長特性和特徵。

除了屬和種，還有更高跟更低的分類階層，像是好幾種屬都隸屬於一個科，即便同一科的植物外觀有天壤之別，它們都有同樣的祖先和特徵，所以才會被歸為一類，種之下還有亞種（subspecies）、變種（variety）、栽培品種（cultivar）和雜交種（hybrid）等分類。

亞種是種之下的一個分類，通常是因地理因素而有所分隔，因為跟原物種棲息的環境有所不同而演化出特殊的樣貌，命名方式為在種小名後加上「subsp.」或「ssp.」，以小寫、非斜體表示。

植物變種有諸多可能，但永遠都是自然發生的。變種以「var.」加上斜體單字表示，與原物種稍有差異，像是花開得特別大（var. *grandiflora*）或是果實變得特別小（var. *microcarpus*），除此之外都是一樣的。變種可能源自於植物基因突變或是以經過雌雄性受精結合而成的種子種植出來。

而栽培品種指的是人工選育出來的植物，而非自然產生的。栽培品種若非人名或地名，一律以小寫，不用斜體，單引號表示，一般會取自於培育或發現該品種者的姓名，或是該植物的特色。根據行之有年的國際藻類、真菌及植物命名法規（ICBN）規定，為避免與變種及亞種混淆，栽培品種不可以是拉丁文。

最後是兩種植物雜交後產生的雜交種，又稱混種，大多雜交種都是經過設計的，為達到理想結果不僅費時也費力，雜交也可能因兩種不同的植物距離較近，由風或昆蟲授粉，種子落地而自然生成。雜交種也可以擁有專屬的名稱，但命名並沒有強制性，所以可以直接遵循公式，以乘號連接兩個種的名稱。

物種命名法長久以來都是不精確的科學，因此植物的屬名有所變動，甚至數度重新分類也是常有的事，近年來基因檢測的問世更讓這種情況變得頻繁，隨著鑑定技術越來越普及，想必未來將會成為常態。本書已盡力條列最新的分類，若是該植物曾改變屬名，我們也會在俗名欄位列出如今已改正的異學名（synonym），以「syn.」表示。

栽培室內植物

大多人都很重視食物的來源，
也懂得飲水思源，
我們認為對待植物應該也要有相同的態度。

　　大眾從苗圃或我們這樣的園藝店買來放在家中或辦公室的植物，事實上是經過一連串研究開發、栽培選育步驟，勞心勞力下的產物，室內植物的誕生要歸功於全球各地的種苗業者孜孜不倦地投入研究、掌握流行趨勢，將幼苗栽培成你在家附近園藝店看到的健壯植物。去苗圃購買植物是我們工作中最幸福的一個環節，來到滿是翠綠茂密觀葉植物的溫室，你才會真正體會到呼吸新鮮空氣是什麼感覺，將盎然綠意盡收眼底、搶先看到保密到家的新品種、和種苗業者交流總是讓人期待又振奮。

　　在為本書蒐集資料的期間，我們訪問了三位雪梨的種苗業者：基斯・瓦勒斯苗圃有 42 年育種資歷的基斯・瓦勒斯（Keith Wallace）與高登・蓋爾斯（Gordon Giles），以及綠廊苗圃的傑洛米・克里奇利（Jeremy Critchley），了解有關種苗的大小事。

　　傑洛米表示「決定栽培哪一種植物是最為困難的，但同時也最讓人樂在其中」，他時常會出國參觀其他國家的苗圃和參加展覽會，了解國外的潮流，他說「每年流行的植物都不一樣，變化極為快速，去年最熱賣的室內植物現在就只是連鎖商店架上隨處可見的盆栽。」

　　澳洲大多的苗圃採用的繁殖方法包括「扦插法」、「播種法」和「組織培養」，部分蕨類則會利用孢子繁殖。根據基斯，扦插法最初是由育種迷從國外引進的，品種母本一般來自本地，而組織培養苗則由國外輸入，在實驗室培養而成，因此乾淨無菌，符合檢疫規定又方便大量生產。

傑洛米跟我們分享了購買組織培養苗的過程，「我會到國外的植物組織培養實驗室參觀，看看目前在培養哪些植物，也會對使用品種提出建議。大多的實驗室都位在東南亞和中國，不過我們跟南美洲、美國和歐洲的實驗室也有合作。我也會去逛花市跟苗圃，看看是否有我沒見過的特殊植物，然後請當地的實驗室取得該植物體的組織，確認有無大量生產的可能。我的運氣非常好，去過印尼不少座讓人嘆為觀止的植物園，與園長跟實驗室負責人求教，看有沒有什麼雨林植物值得培育。」

> 「我想久了以後，這就不會只是風行一時的潮流，
> 大家會明白室內植物是生活中不可或缺的存在，
> 有植物相伴真的有數不清的好處。」

許多苗圃除了栽種歷久不衰的經典植物外，也會持續培育充滿特色的新品種，就新品種來說，哪種會受大眾喜愛，哪種又會變成堆肥誰也說不準。傑洛米表示「從在印尼的樹上發現奇花異卉到變成能在澳洲園藝行販賣的盆栽是很漫長的過程，最少也要 2、3 年時間，實驗室需要花 4 到 6 個月來清洗植體材料並為培養做好準備，花 6 個月培養組織，再花至少 6 個月來增生，達到一定的數量。輸入澳洲後，還要花上 7 到 14 個月種植，真的非常花時間，讓人感覺看不到盡頭，有時就算耗費了這麼多時間跟精力，市場反應還是不佳，這是要碰運氣的，所以有些新品種在剛上市的時候會特別昂貴，這就是考量到投注在其中的大量心力、資源、時間跟金錢。」

至於基斯栽培的植物有九成都是使用「分株法」或「枝插法」繁殖，他說「從枝條長成獨立的植株平均需要 12 到 15 個月，發根成苗的植物會先放在育苗盤裡，養在備有噴霧系統和溫控系統的溫室，以因應冬夏溫差，取決於栽種季節，平均要等 4 到 6 個月才會移到盆器定植，通常還會再等個 6 個月才會拿去通路販售。」

蕙蘭（*Cymbidium*）大師高登的工作更需要耐心，他在這一行的 66 年來都在培育雜交種，從播種到植株長大平均需要 7 年。

看到種苗業者如此費盡心思，盡可能打造出類似植物原產地的環境，細心呵護它們的模樣真的令人開心，為了讓它們能贏在起跑點上，專屬的介質配方、頂級肥料和定時澆水都是必不可少的。基斯認為栽培成功的關鍵就是充足光線、適當澆水和保持通風，生長環境也要保持乾淨，清潔管理相當重要，如此才能避免幼苗遭受病蟲害，有趣的是綠廊苗圃並不是無菌空間，傑洛米的團隊

會讓植物接種各式各樣的益菌和菌株，傑洛米表示「植物與這些微生物擁有難以撼動的共生關係，如此一來能夠抑制病害、幫助養分吸收，如同在野外，土壤微生物也能促進植物生長。我們盡量不使用化學農藥，至少用得比更大型的傳統苗圃還少，也會利用數種益蟲來消滅闖進溫室的害蟲。」這樣的作法我們深感認同。

傑洛米對於年輕人開始對養育植物和園藝產生興趣感到欣慰，他說「我想久了以後，這就不會只是風行一時的潮流，大家會明白室內植物是生活中不可或缺的存在，有植物相伴真的有數不清的好處。」說到照顧室內植物，他的態度相當正面，「大家必須理解植物也是生物，並不是買來的所有盆栽都能健健康康地長大，某些植物有可能因為環境等眾多原因而難以存活，但是不要輕言放棄，每個人一定都能找到適合所處環境的植物的。」

我們非常贊同他的話，也呼籲大家向有口碑、善待植物與員工的種苗業者購買盆栽。

Blechnum asplenioides

本書使用指南

　　本書彙整了超過 150 種我們最愛的室內植物，從熱帶觀葉植物到以沙漠為家的多肉植物和仙人掌，林林總總無一不備，除了常見的室內品種，我們也會介紹稀有獨特的植物。每種植物都有各自的脾性，所需要的生長條件不一，本書將幫助你探索哪種植物最適合你和你所處的環境，你是植物新手嗎？還是植物殺手？這樣的話我們會建議你先從超級好養的植物開始，例如黃金葛（devil's ivy）；成功讓琴葉榕（fiddle-leaf fig）活了一年多嗎？那你就可以來挑戰更需要呵護的植物，跟竹芋（calatheas）做朋友；有自己的溫室嗎？那就不要設限，想種什麼就種什麼，試試食蟲植物豬籠草（Nepenthes）吧。

　　為了讓這本書盡可能派上用場，我們在介紹每種植物的同時也會條列栽培重點，這些資訊對於剛入門的室內植物新手特別有幫助，除了光線需求、栽培介質、澆水頻率等基本養護條件外，也包括生長型態、繁殖、最佳擺放位置與對毛小孩是否有害，另外也依照栽培難易度分類（請見 392 頁圖鑑索引）。

　　以下為分類細項：

難易度

從最好養的懶人植物到觀葉植物界最難搞的女王，不管你有多少栽培經驗，一定會有適合你的植物，所以只要看到喜歡的就勇敢收編吧，不過要注意的是如同人類，某些植物就是特別難搞。

新手　這些懶人就養得活的植物適合剛入門的人，它們適應力強又勇健，就算偶爾被遺忘也不會有事。

綠手指　這些植物講求更細心的呵護，但只要環境適宜、照顧得當就能長得又高又壯。

專家　這些植物是植物界的大牌天后，在累積一定的養護經驗前千萬不要輕易嘗試。

光線需求

以植物來說，光線就是生命！既然要在室內栽培植物，就一定要盡量模擬原產地的環境，提供足夠的光線，讓它們可以行光合作用。你要種的是原本只靠森林中斑駁光影生存的林下植物嗎？這樣的話明亮散光、白天和午後柔和的陽光最合適；要是你的植物來自沙漠，那它就需要大量的直射陽光才能頭好壯壯，此外有些植物也能在低光環境下生存。

掌握這個要點的關鍵就是了解所處環境的採光，首先要確認所有的光線來源，記錄一整天下來日照在每個空間的變化，空間的方位、鄰近建築跟窗簾也會影響到室內植物能接收到的光線，越靠近窗戶跟天窗就會越亮，尤其是植物能看到天空的位置，手機也可以下載光度計，依照確切的數值來判斷。

雖然有些植物並不介意低光環境，但千萬要記得大多數還是需要日照才能成長茁壯，要是你家中的植物大多時間都待在陰暗角落，我們建議你盡量每個月讓它們去曬一次太陽，特別要留意的是日照狀況也會受到季節影響，所以到了氣溫轉涼、日照變短的秋冬要記得把植物移到更亮的地方，春夏季則要適時移到陰涼處。

明亮無日照　可忍受低光環境，但偏好沒有陽光直射的明亮環境。

半日照　喜好有大量明亮散光、早上有直射陽光的位置，但要避開午後豔陽，以免葉子曬傷。

全日照　這些太陽神的子民（例如金鯱〔golden-barrel cactus〕等沙漠仙人掌）需要強烈日光才能在室內生長。

澆水

　　就植物的需求來說，第二重要的就是水。在野外，植物靠的是天降甘霖，在室內就只能靠我們了。植物所需的水量取決於數個變數：光線多寡（基本上光照越多，需要的水量就越多）、周遭溫度、通風程度、栽培介質和盆器的大小與種類。

　　判斷需不需要澆水最快的方法就是把手指戳進土裡感受一下，一週大概1、2次即可，雖然這個方法可以讓健忘的植物父母選定一天澆水，但這樣很容易就會不小心水澆太多或太少。覺得很難拿捏的人可以買土壤濕度計，濕度計便宜又好用，可以準確判斷澆水時機，讓你掌握植物的需求，養成澆水的習慣。

　　若使用有排水孔的盆器，澆水的時候直接往土裡倒，倒到水從底部流出，確保根系都能吸到水，澆水的時候可以在水槽、淋浴間或戶外處理。若是有底盤的盆器，澆水30分鐘後積在底盤上的水要記得倒掉，免得植物因水太多而爛根。

　　儘管大多室內植物都可以接受自來水（最好是室溫），但久了之後會導致土中礦物質過多，可以的話建議讓盆栽淋雨，或是用水桶跟澆水壺收集雨水來澆花。至於照顧豬籠草和空氣鳳梨（*Tillandsia*）等更為講究的植物，一定要使用蒸餾水。

　　低頻率　擁有肥大莖葉的植物，也就是大多數的多肉植物和仙人掌，會儲存水分，因此比觀葉植物更耐旱，可以等到大部分的土乾燥再澆水，在春夏季大約每兩個禮拜澆一次，秋冬季則每一個月一次。

　　中頻率　許多觀葉植物都屬於這一類，等到表層5公分（2吋）的土乾了再澆水即可，在春夏季大約一個禮拜澆一次，秋冬季的間隔可以拉更長。

　　高頻率　這些植物偏好濕潤的土壤，說的就是你，鐵線蕨（maidenhair fern）！土表面乾燥就要澆水。

栽培介質

　　優質合適的介質是你的室內叢林成長茁壯的重要根基，適當的介質能兼具保水性、保肥性和排水性，讓植物得以生機勃勃。

　　你可以直接跟五金行或附近的苗圃購買調配好的介質，但記得一定要選適用於室內植物的優質有機介質。市售的栽培介質一般都含有足夠的養分可以撐個半年到一年，之後就需要施肥，我們會建議使用稀釋的有機液肥。

排水性強　可選用一般排水性佳的栽培介質，混入珍珠石可以讓土質更疏鬆，有助於透氣透水。

保水性強　可選用加入椰纖、保水性佳的栽培介質，建議不要使用含有泥炭的配方，因為其開採過程會破壞生態環境。

砂質粗石　可選用加入大量砂土和石礫的栽培介質，疏水性高，最適合以沙漠為家的植物。

濕度

　　許多能在室內開心長大的植物原本都是生長在氣候潮溼的雨林，在被我們從商店買回家前，它們則是住在溫室提供的理想環境中，享受溫室屋頂灑落下來的散射光線和高濕度。相較之下，居家環境通常都較為乾燥，初來乍到的植物會非常不習慣，要是濕度真的很低（通常是冷氣或暖氣造成），植物根部吸收的水分不夠，會趕不上葉子行蒸散作用的速度。

　　基本上葉子越薄，需要的濕度就越高，葉片肥厚呈革質、有蠟質或絨毛覆蓋的植物一般較為耐旱。多肉植物和仙人掌的根莖葉都能忍受較為乾燥的環境，熱帶植物則偏好 50% 左右的相對濕度。

　　想克服低濕度有幾個方法，其中一個就是定期在葉子上噴水，最合適的時間是早上，水溫微溫，這樣一整天下來就能風乾，良好通風也有益無害；另外也可以拿底盤裝水跟碎石，把需要高濕度的植物放上去，這樣植物就可以吸收水分，但水又不會多到導致爛根；把植物擺在一起也可以藉由創造微氣候來提升環境濕度。若你真的很希望能為你的室內植物打造它們偏好霧氣蒸騰的叢林環境，那購入加濕器準沒錯。

乾燥　仙人掌和大多多肉植物都屬於這類，它們偏好乾燥環境，不可以噴水，不然容易發霉。

低濕度　願意的話，夏天可以每週噴水，但就算沒有這麼做也沒關係。

中濕度　許多常見的室內植物每天只要噴一次水就行了，可以把濕度需求相似的植物放在一起，擺在加了碎石的蓄水盤上。

高濕度　這些植物被稱為「耐濕植物」，像是大多花燭屬（anthuriums）和敏感的球根秋海棠（Tuberous begonias）等需求特別多的品種，就需要環境濕度高的空間，但葉面不能有水，這種環境需要加濕器的幫忙才有可能達成。

繁殖

生長繁殖是植物的天性，無論你是想要擴大收藏，還是想要跟朋友分享，繁殖是相當省錢又簡單的方法，讓你可以從現有盆栽種出新的植物來。

在繁殖植物的時候要記得失敗也是有可能的，所以不要因為失敗而感到氣餒，以下是能提高繁殖成功率的方式：

· 選用最健壯的植物，唯一的例外就是假如你是為了要救奄奄一息的植物，這樣的話放手去做就對了。
· 天氣比較溫暖的季節為植物的生長旺季，是最適合繁殖的時間。
· 選定植物後，在繁殖前兩天要澆水，確保它們水分充足。
· 繁殖時建議使用雨水或蒸餾水。
· 多取幾根枝條當插穗，免得有些無法順利發根。
· 從母株採取插穗的動作要輕柔。
· 在等待發根的期間不要澆太多水或使用太大的盆器，免得把植物淹死。
· 將幼苗放置在溫暖明亮的空間，避開直射日光。

若想著手進行，你所需要的東西包括準備好繁殖的植物、乾淨鋒利的修枝剪、填滿栽培介質的乾淨盆器或玻璃容器（取決於採用的繁殖法）。新手可以先從簡單的黃金葛扦插繁殖開始，以下為室內植物會用到的四種繁殖法，每種植物都適用於一種或多種方式，可參考簡介中的栽培要點。

<u>枝插法</u>　這是最為常見的繁殖法，適用於多種植物，包括天南星科、秋海棠屬和毬蘭屬（hoya）。用一把乾淨的修枝剪以 45 度斜角剪下枝條，長度約 10 公分（4 吋）長，連同數片葉子和一兩個節（莖上突起處，一般在葉片或分枝旁）。大多熱帶植物都可以直接扦插到裝有新栽培介質或椰纖的盆器，或是裝水的玻璃容器；仙人掌和多肉植物則必須要等個幾天，讓剪下來的芽體切口乾燥癒合才可以種到裝有砂質粗石介質的盆中，這樣可以降低細菌感染的機率。想提高成功率的話，還可以在癒合的切口上沾市售的開根劑或使用天然的替代品，例如蜂蜜，甚至是唾液，請直接吐在芽體上，不要把它放進嘴巴裡。發根最多需要六週的時間，所以要有點耐心！

子株與側芽 子株就是母株的迷你版本，長在枝條和走莖末端。吊蘭（Spider plant）是最佳例子，會從母株的走莖長出非常多的小植株。同樣地，側芽就是與母株一模一樣的側枝，在鏡面草（*Pilea peperomiodes*）和虎尾蘭（*Dracaena trifasciata*）等植物上最常見，側芽一般會出現在母株底部，根系脆弱又少。等子株與側芽長到一定的大小，只要用乾淨鋒利的刀或修枝剪剪下，移到裝有優質介質和排水性良好的新盆中即可，也可以採用水耕法。

葉插法 這種繁殖法適用於多肉植物和秋海棠屬。輕輕把葉子連同葉柄摘下來，葉片要保持完整，風乾一到三天，降低腐爛的機率，然後抹上開根劑，將3分之2的葉柄插入介質中。葉子記得要朝外，這樣新的根才會在盆器正中間，最後稍微壓實土壤。

分株法 某些植物在長到一定大小後，可以直接分成好幾株，這種繁殖法最適合在初春進行，這樣換盆後就可以馬上生長。第一個步驟是將植物從盆器裡拿出來，然後用雙手抓好，輕輕一分而二，若沒辦法輕鬆徒手分開，那就先撥開舊土再試試，或用刀小心翼翼地把根切開，最後把分離出來的植株放進新盆中覆土就可以了。記得兩個禮拜內都要多關心它，定期澆水、避開直射陽光。竹芋和白鶴芋（peace lilies）就很適合這種繁殖法。

生長型態

了解植物的生長型態不僅有助於選出最適合的擺放位置和盆器，還能確認是否需要購入攀爬棒或定期換盆。

直立型 莖幹筆直挺立，往天花板延伸。
攀緣型 在大自然會攀附樹木或平面的植物。
懸垂型 這種植物的莖幹會掛在盆器邊緣，優雅地垂向地面。
叢生型 這種植物會長成緊密灌叢。
蔓生型 莖幹會匍匐貼地生長，長成一大片。
蓮座型 莖幹從蓮座中心向外生長。

擺放位置

選擇植物的擺放位置考量的不只是美學，還有實用性，盆栽能為空間增添生氣、營造溫馨的氣氛，但並不是所有位置都適合。除了兼顧光線需求，想想植物呈現的姿態最適合哪個位置、最大會長到多高、又該如何搭配各種質地和斑紋的葉子來打造最顯目或最低調的裝飾。

地板　高大挺立的植物能作為房間的視覺焦點，搭配巨大盆器放在地上非常好看，可選天堂鳥屬（*Strelitzia*）和榕屬（*Ficus*）等大型植物。
桌面　低矮叢生的植物最適合放在桌上，例如竹芋和椒草屬（*Peperomia*）。

窗台　窗台最為明亮溫暖，非常適合需要大量陽光、喜愛直射朝陽的多肉植物和仙人掌。值得一提的是真正的仙人掌品種，像是乳突球屬仙人掌（*Mammillaria sp.*）和團扇仙人掌（*Opuntia sp.*），有別於雨林仙人掌，需要大量的直射日光才能生長，所以面北的大片窗戶是最好的。
書架或層架　葉子如瀑布般下垂的懸垂型植物，像是黃金葛和毬蘭屬放在層架或花架上格外簡約大方，能讓室內線條變得柔和，架高也能讓有毒植物或仙人掌遠離寵物和孩童。
有遮蔽的陽台　不畏風吹雨打、豔陽直射的頑強植物最適合有遮蔽的戶外空間，龍舌蘭屬（*Agave*）和某些秋海棠都是不錯的選擇。

毒性

諸多室內植物都有毒性，人類或動物若是誤食，就會身體不適、噁心想吐，甚至可能有更嚴重的症狀。大多寵物對室內植物根本毫不關心，但要是你家的寵物是好奇寶寶或你不想冒險，那就選對寵物無害的植物或不要讓牠們接觸到。

有毒　若誤食會有嚴重後果。
毒性一般　若大量食用可能對身體有害。
寵物友善　對寵物和飼主來說都無害。

疑難排解

即便我們已經把植物照顧得無微不至，
但有時候自然就是超出我們的掌控，植物會生病枯死，
這是很殘酷的事實，不過也是打造室內綠洲必經的過程。

養護植物需要反覆試驗，要是情況不如預期，與其感到灰心喪氣，不如化危機為轉機，從錯誤中學習，同時切記不要好高騖遠，完美是迷思，所以擁抱植物的不完美、奇形怪狀和所有稜角吧。想擁有健康的植物，防患未然是關鍵，定期確認植物的狀況才能夠防微杜漸，照顧養護植物是非常有成就感的事情，千萬不要把它當作不得不做的義務，享受幫植物澆水、清潔葉片的過程，花時間留意盆栽狀況，剪掉枯黃的莖葉或花朵，以防健康的植株被病菌感染，而植物給你的回報就是展現它們最漂亮的一面。

想了解被你收編的植物，擁有敏銳的觀察力至關重要，如此才能確保它們有充足的光線和水。植物要是不開心，從頻繁掉葉和葉尖褐化就看得出來，難以判斷的是到底是什麼原因造成的，有時相當明顯（你是否把脆弱的林下植物放到有直射陽光的地方？），但其他問題，例如葉子發黃有可能是水分過多或過少造成的，所以想要追根究柢就必須一項一項排除，以下是常見問題和可能代表的意思。

<u>澆水過多過少</u>　常有植物會因為植物父母太過積極，澆水過度而死於非命，

同樣地，長時間不澆水對植物來説也是很難受，令人困擾的是上述兩種情況都可能導致掉葉，記得一定要掌握植物所需的水量，確認過土壤濕度後再澆水，確保盆器排水孔暢通，澆水 30 分鐘後積在底盤上的水要倒掉。

澆水過多會導致植物根系無法呼吸進而爛根，表面看起來像缺水，實際上土卻非常濕，如果發生爛根的情況，但感覺還有救的話，就先整株挖出來洗根，用消毒過的鋒利修枝剪（不要用剪刀）剪去病根，取決於去除的根系多寡，葉子可能也要剪掉 3 分之 1 到一半，最後根部可以泡點殺菌劑除菌，記得盆器要用消毒劑或稀釋的漂白水洗過，避免移株的植物再次受到感染。

澆水過少，植物快渴死的話葉子會下垂捲曲，此外葉尖褐化、葉片乾枯也都是缺水的徵兆，在這種情況下，土摸起來應該是乾的，盆器也會因為缺水而變輕。

暖氣或冷氣的乾空氣　大多室內植物都偏好溫暖潮濕的環境，家中的暖氣和冷氣會導致空氣變得乾燥，讓植物大受影響。千萬不要讓熱空氣或冷空氣對著植物直吹，最好也避開從門窗灌進來的風。只要空間濕度不夠，植物葉尖就會焦枯，通常還會出現俗稱紅蜘蛛的葉蟎等蟲害。

通風不良　長時間濕度過高、空間又不通風的話很容易會有真菌滋生，導致莖部腐爛、爛根、葉子長斑和得白粉病，開電扇或開窗讓空氣更流通可以降低濕度，也可以讓表層的土在澆水後更快乾。

過度施肥　葉燒病所引起的葉尖褐化可能代表植物施肥過度，施肥的時候一定要遵循包裝説明適量使用，過度稀釋總比下手過重來得好，室內植物最適合用液肥，因為更容易拿捏分量，比較不會用太多。

光照過多過少　葉子老化變黃掉落是正常的，但如果是黃化褪色（葉綠素合成不足所導致）就代表光照過多，午後的直射豔陽會害熱帶植物被曬傷，雖然一被曬傷就救不回來了，但基本上只是不美觀而已，把黃葉剪除就又是一尾活龍。相反地，要是光照過少，植物就會枝條徒長、生長不良，像是多肉植物就特別容易因為照不到充足的光而徒長。

病蟲害

越用心滿足植物的需求，
它們受到病蟲害的機率就會越低。

　　有些問題，像是新買的培養土中有蟲卵是難以避免的，購入新植物時一定
要多加留意，也要記得定期關心養了很久的盆栽，在病蟲害影響到全株前及早
根除。新植物一定要先隔離，等確認沒有不速之客搭便車後才能跟其他盆栽放
在一起，若是發現現有的植物不太對勁，在確認問題所在前都一定要分開放。
成功擺脫粉介殼蟲，讓植物復活是非常有成就感的，但為了你擁有的所有盆栽
著想，知道什麼時候該設停損點，瀟灑放手也是很重要的。

　　我們必須要再度強調定期檢查植物，滿足給水、光線和濕度等需求的重要
性，病蟲害通常會發生在營養不良的植物身上，所以防患未然是關鍵，澆水時
可以順手把枯萎的葉子和花連著柄摘剪下來，同時也可以觀察是否有下述可能
有潛在病蟲害的徵兆：

· 植物或土裡有蟲。
· 葉子有褐斑、破洞、絲狀物或葉緣有啃食痕跡。
· 長黴菌或有白粉。

　　想要殺死害蟲有很多天然的方式，我們會建議使用天然配方，而不是毒性
強的化學藥劑，我們自己最常用的是有機環保油或稀釋植物油，這種天然殺蟲
劑能有效使害蟲窒息死亡（抱歉，小傢伙！），同時還能讓葉子看起來閃亮有
光澤。大家可以直接買噴霧環保油或根據包裝說明加水稀釋後自行裝入噴霧瓶
中使用。

　　以下是常見的病蟲害與解方：

蚜蟲 軟殼的無翅小蟲，有多種顏色，繁殖快速，會群集在葉片和枝梗上吸食汁液，導致葉子枯萎發黃。在戶外，農夫會利用瓢蟲來防治蚜蟲，但在室內的話可以用肥皂水洗葉子，然後噴灑環保油或植物油。

蕈蠅 這種小飛蟲會在土裡產卵，你會在土壤、葉子和窗台上看見牠們的蹤跡。這種蟲煩歸煩但傷害不大，只要確保受蕈蠅侵擾的植物沒有過度澆水，留時間讓表層 5 公分（2 吋）的土乾燥即可。想逮住這種討人厭的蟲的話，可以用誘蟲黏紙或製作蘋果醋加洗碗精混液（250 毫升／1 杯蘋果醋加數滴洗碗精）倒進淺盤誘捕牠們。

粉介殼蟲 這種堪稱大敵的小蟲身上有白色蠟粉，看起來像小顆棉球，牠們會吸食葉子汁液，分泌蜜露。這種蟲很會躲，不易察覺，記得一定要檢查幼芽嫩枝、葉腋和葉背，任何角落都不能放過。粉介殼蟲最愛過度施肥、氮含量高的土，所以下手記得輕一點，各位！室內植物建議施用氮磷鉀肥含量比例相同的肥料（NPK），這樣氮含量才不會過高。清除粉介殼蟲時先拿布把牠們擦掉，確保全部都被捏死，而不只是換個地方，擦乾淨後用 20：1 的水跟植物油，加上一點洗碗精噴葉子的表面和底部、枝梗跟土（這混液也適用於介殼蟲，請見下文），每週定期噴一遍，持續數週直到看不見蟲。

介殼蟲 包含盾介殼蟲科和軟介殼蟲科，以身上的介殼得名，體型橢圓扁平，動作緩慢，顏色多變。如同粉介殼蟲，介殼蟲會吸食植物汁液，分泌蜜露，導致葉子枯黃掉落。螞蟻以蜜露為食，所以只要看到牠們，多半代表介殼蟲也在。清除介殼蟲可以用不要的牙刷或指甲刷，然後噴上環保油，記得葉子兩面都要擦，才能消滅落網之魚。

紅蜘蛛 這種迷你昆蟲事實上不是蜘蛛，而是屬於葉蟎科。一般可以藉由葉子背面的黃斑、白點和斑點來判斷，有時也會出現網狀物。這些小蟲會導致植物衰弱，所以需要馬上處理，把被感染的葉子拔掉，丟掉時要小心不要讓紅蜘蛛跑回去或感染其他植物，把整個植株擦乾淨，尤其是葉子背面，免得還有殘留的害蟲，最後用環保油噴葉子，避免未來再發生同樣情況。

薊馬 這種細長的有翅昆蟲近年來漸漸變成最讓室內植物迷頭痛的昆蟲，牠們

我們必須要再度強調定期檢查植物，
滿足植物需求的重要性，
病蟲害通常會發生在營養不良的植物身上，
所以防患未然是關鍵。

會吸食植物汁液，造成葉片褐化，出現白色或銀色條斑，有時還會嚴重皺縮，出現褐色排泄物。薊馬蔓延的速度很快，因此一察覺就要馬上處理，清洗擦乾葉子，然後在葉片、枝梗和土上噴灑環保油或植物油。

粉蝨 粉蝨與蚜蟲同目，看起來像一捏就會死的迷你飛蛾或蒼蠅。粉蝨成蟲和產下的卵常常會藏在葉子背面，要是被碰到就會四處飛竄。如同介殼蟲，牠們會吸食植物汁液，分泌蜜露，造成植物生長不良、葉子發黃。粉蝨喜歡溫暖潮濕的環境，所以只要不是住在熱帶地區就不用太過擔心。要防治粉蝨，可以輕輕把牠們吸走或用水沖走，再噴上環保油。

細菌與病毒 這通常起因於養護不良，最常見原因是澆水過多過少、通風不佳、直接拔除枯萎枝梗，沒用修枝剪造成的傷口、重複使用舊土和不乾淨的盆器。一旦感染細菌或病毒，蔓延速度會非常快，造成植物生長延遲、葉子變色受損。碰上這種情況最好當機立斷將植物處理掉，以免其他盆栽也遭到波及。

真菌 真菌喜好潮濕環境，可能導致爛根、莖部腐敗、白粉病和葉斑病。要根除相當困難，所以最好要未雨綢繆，保持空間空氣流通，定時把窗戶打開和開電扇，澆完水也要讓葉子跟表層土壤有時間風乾。要是不幸被真菌感染，立即隔離病株，噴灑天然環保的殺菌劑，依照說明使用。

觀葉植物
FOLIAGE PLANTS

夾竹桃科／APOCYNACEAE

毬蘭屬 Hoya

　　大多室內植物都是因為絢麗多變的葉子而受人喜愛，毬蘭屬卻是例外，該屬包含 200~300 種，以熱帶植物為大宗，許多分布在亞洲各地區，但在菲律賓、澳洲、新幾內亞和玻里尼西亞也有它們的蹤影。毬蘭屬的花以球狀開展、帶有甜香，葉片厚實有光澤，為多年生常綠藤本植物，通常著生於樹木上，有些也會長成灌木。

　　雖然某些品種被歸類為多肉植物，但大多擁有肥厚葉片的品種仍屬於觀葉植物。毬蘭屬的葉型多變、顏色質感各異，像是卷葉毬蘭（*Hoya compacta*）就有蜷曲葉子，線葉毬蘭（*Hoya linearis*）的葉子則細長柔軟又毛茸茸的。從 1970 年代開始流行，原本被視為老人家家中的常見盆栽，近年來因好養而再度受到青睞。

標本：*Hoya carnosa × serpens* 'Mathilde'

Hoya carnosa

俗名 **毬蘭** WAX PLANT

這是毬蘭屬中最常見的品種，原產於澳洲和東亞，
被戲稱為「奶奶家的塑膠盆栽」，
但要是因為這樣就錯過這麼好養的室內植物，你可是虧大了。

難易度
新手

光線需求
半日照

澆水
低頻率 - 中頻率

栽培介質
排水性強

濕度
低濕度

繁殖
枝插法

生長型態
懸垂型

擺放位置
書架或層架

毒性
寵物友善

這種隨便養隨便活的毬蘭最適合擺在吊盆或書架上，只要擺在明亮的位置就很容易開花，不需要時時刻刻都盯著。澆水的時候記得要澆透，但要留意介質排水性，免得土壤過濕。葉片厚實，所以等土乾再澆水也沒關係，只要冬天讓盆土保持偏乾，等到春夏季就會花團錦簇。毬蘭的星形花朵由五枚花瓣組成，不僅嬌小玲瓏，香味更甜如蜜。

身為附生植物，毬蘭需要時間穩根安頓，所以不要太常換盆，若真的要換，記得盆器尺寸不要一下跳太大。如同所有植物，開花是很消耗能量的，因此在春夏季，尤其是當毬蘭開花時，建議每兩週就施肥一次，幫助它生長。

Hoya carnosa × serpens 'Mathilde'

俗名 **錢幣毬蘭** HOYA MATHILDE

毬蘭跟匍匐毬蘭（Hoya serpens）雜交會出現什麼呢？
那當然是嬌小玲瓏的錢幣毬蘭。

難易度
新手

光線需求
半日照

澆水
低頻率 - 中頻率

栽培介質
排水性強

濕度
低濕度

繁殖
枝插法

生長型態
懸垂型

擺放位置
書架或層架

毒性
寵物友善

　　這個雜交種可說是天作之合，結合了 2 個品種的優點，成為小巧又相對好養的毬蘭。圓如錢幣的葉片上頭有銀斑，有時會被毬蘭新手誤認為生病或受傷，但事實上是很珍貴的，可以使用吊盆或擺放在層架上打造出傾瀉而下的效果。只要照顧得當，這種毬蘭很快就會開出毛茸茸的芬芳粉紅花朵，嬌小又可愛。

　　雖然錢幣毬蘭的葉片肥厚有光澤，但嚴格來說並不算是多肉植物，所以最好使用通風性佳的介質和有排水孔的盆器種植。水要澆透，但要等到大半土壤都乾了再澆水，希望它盡快開花的話，一定要放在沒有直射陽光的明亮處，冬天讓土壤保持乾燥。另外這種植物沒有毒，因此對於好奇心旺盛的寵物很安全，飼主不需要擔心。

Hoya carnosa var. compacta

俗名 **卷葉毬蘭** INDIAN ROPE HOYA

卷葉毬蘭的俗名取自蜷曲成串的葉子，
狀似粗繩，它的特別之處就是扭捲彎曲的葉片，
一般是深綠色或綠白相間。

難易度
新手

光線需求
半日照

澆水
低頻率 - 中頻率

栽培介質
排水性強

濕度
低濕度

繁殖
枝插法

生長型態
懸垂型

擺放位置
書架或層架

毒性
寵物友善

　　卷葉毬蘭的生長速度相對較慢，但矮小精悍，奇特的外觀更是引人注目。

　　如同其他的附生性毬蘭，最好搭配質地輕、排水性佳又通風的介質。非斑葉的卷葉毬蘭能忍受低光環境，不過生長速度會更慢，開花的機率也微乎其微，因此最好還是放在無直射陽光的明亮處。這些慢郎中堪稱懶人植物，幾乎不需要換盆，所以記得一開始就挑選你愛的盆器，看久了才不會膩。

　　在春夏生長期，要等到土幾乎乾透再澆水，等天氣變冷，間隔可以拉更長，偶爾澆水即可。

Hoya kerrii

俗名 **心葉毬蘭 SWEETHEART HOYA**

我們最愛有心形葉子的植物了，
心葉毬蘭當然也不例外。

難易度
綠手指
光線需求
半日照
澆水
低頻率 - 中頻率
栽培介質
排水性強
濕度
高濕度
繁殖
枝插法
生長型態
攀緣型
擺放位置
書架或層架
毒性
寵物友善

心葉毬蘭通常都是單葉販售，特別是在情人節期間，雖然很可愛，但並沒有辦法持續生長，所以如果你比較想要一片心海的話，最好買含開花梗的多葉盆栽，不然要等它長出可愛的心形葉可能要等到天荒地老。

心葉毬蘭原產於東南亞，在野外能長到 4 公尺（13 呎）高，若是養在室內，想要長到這種尺寸需要很長的時間，就算是帶有節的莖部，也可能數年才會長出枝蔓，所以要記得耐心是美德，等待是有回報的，樂觀點想，它幾乎不需要換盆。

心葉毬蘭的葉子如同多肉有貯水功能，意味著比起其他毬蘭，澆水頻率更低，從這點來說相當好養，不過它還需要溫暖潮濕的環境才能生長，若能搭配定期澆水和充足日照就更好了，它甚至能忍受早上的直射陽光。

Hoya linearis

俗名 **線葉毬蘭** HOYA LINEARIS

線葉毬蘭的葉片細長柔軟又帶毛，
可不是一般常見的毬蘭，長得反而比較像葦仙人掌屬植物（請見379頁）
或線葉吊燈花（Ceropegia linearis）（請見337頁）。

難易度
綠手指

光線需求
半日照

澆水
中頻率

栽培介質
排水性強

濕度
低濕度

繁殖
枝插法

生長型態
懸垂型

擺放位置
書架或層架

毒性
寵物友善

比起其他品種的毬蘭，線葉毬蘭很稀有，也更難養護，但這獨樹一格的植物絕對能替你的收藏增色。這種附生植物原產於北印度的喜馬拉雅區域，附生在高緯度的樹木上，比起其他毬蘭更耐寒。

由於少了肥厚葉片，線葉毬蘭更需要細心呵護，即便生長條件跟其他毬蘭差不多，適應力卻更差，所以切記要定期澆水，介質要兼顧通風和排水性，若底盤有多餘的水也要倒掉。等土乾再澆水，但若是發現葉子乾枯，那澆水的頻率就要再提高。

它偏好無直射日光的明亮處，但如同其他毬蘭，偶爾早上曬曬太陽也可以。只要照顧得當，就可以看到它開出帶有檸檬香的白色星形花朵。

天南星科／ARACEAE

拎樹藤屬 Epipremnum

拎樹藤屬是會開花的多年生常綠藤本植物，以氣根攀附支持物，因此常會跟天南星科下的其他屬搞混，例如針房藤屬（*Rhaphidophora*）和藤芋屬（*Scindapsus*）。

原產於中國、喜馬拉雅山腳、東南亞、澳洲和西太平洋群島等地的熱帶叢林，拎樹藤屬能長到超過 40 公尺（131 呎）高，葉子則能長達 3 公尺（10 呎）。養在室內的拎樹藤屬雖然不會長到這種規模，但依然是外型獨特又生命力頑強的植物，意味著非常適合新手，然而若是你家養了愛植物的寵物，那最好還是打消念頭，因為這種植物是有毒的，其毒性就來自毛狀石細胞，這種針狀細胞是野外植物用來對抗草食動物的利器。

難易度
新手

光線需求
明亮無日照

澆水
中頻率

栽培介質
排水性強

濕度
低濕度

繁殖
枝插法

生長型態
懸垂型

擺放位置
書架或層架

毒性
有毒

Epipremnum aureum

俗名 **黃金葛** Devil's ivy

最好養、最適合懶人的室內植物非黃金葛莫屬，不管是放任葉子垂下、用鉤子掛在牆上或是打造植物牆，它不管身在何處都能自得其樂。黃金葛的英文俗名「魔鬼藤（devil's ivy）」據說取自其殺不死的特性，想當然是最完美的室內植物，就算你偶爾才想到它，這種長得快的植物也能長到 20 公尺（66 呎）長。

就因為黃金葛是如此勇健，對於容易忘東忘西的人來說簡直是福音，它不介意光線不足的環境，甚至長時間沒澆水都不會有事，話雖如此，請不要把方便當隨便，若希望它能成長茁壯，定期澆水和無直射日光的明亮位置都很重要，等到表層 2~5 公分（3/4~2 吋）的土乾了再澆水，免得因為水太多而導致爛根。

想繁殖的話，枝插法非常簡單，從節點下方 2~3 公分（3/4~1吋）處下刀，剪下包含 5~7 片葉子的枝條，摘下底部的葉子，將枝條插入水中。等到根系長到 6公分（2 吋）長，就可以移到盆栽裡。黃金葛就算插在水裡也能活，只要記得定期換水就好了。

黃金葛有很多種栽培品種，從最常見的單色系、黃中帶綠、淺綠色的陽光黃金葛到帶有耀眼白斑的白金葛。

白金葛（*Epipremnum aureum* 'marble queen'）

黄金葛

蕁麻科／URTICACEAE

冷水麻屬 Pilea

冷水麻屬的名稱源自於拉丁文「*pileus*」，意思是「毛帽」，取自於花萼覆蓋瘦果的模樣，是蕁麻科中開花植物數量最多的一屬，總共超過 600 種。這些耐陰的草本或灌木少了該科常見的刺毛，原產地多半是熱帶、亞熱帶等溫暖地區，非常適合種在室內。

從擁有閃亮銀綠色小葉的灰綠冷水花（請見 62 頁）到有銀白葉片的冷水花（請見 61 頁），這些植物雖小，但葉色美麗、養護簡單。

Pilea cadierei

俗名 **冷水花** ALUMINIUM PLANT

冷水花的特色就是橢圓綠葉上帶有銀白塊斑的凸出脈間，
由此可見其俗名其來有自。

難易度
新手

光線需求
半日照

澆水
中頻率

栽培介質
排水性強

濕度
中濕度

繁殖
枝插法

生長型態
直立型

擺放位置
桌面

毒性
有毒

冷水花外觀素雅、好養又不容易生病，是最完美的室內植物，不論新手老手都能駕馭，更適合小坪數空間。

冷水花開花的機率極低，就算開了也很小朵，跟亮麗葉片一比相形失色。若你的植物開花了，可以直接把花苞摘掉，這樣它就能把養分用在長出更多漂亮的葉子上。冷水花需要定期修剪，春季時可以將枝梗剪到剩一半長度，促使它持續生長。

冷水花的生命短暫而絢爛，一般來說，壽命大約是 4 年，所以要好好把握。這個小傢伙最高能長到 30 公分（12 吋）左右，非常適合當成桌飾或擺在廚房中島上，要是空間真的不足，可以選個頭更小的栽種品種矮小冷水花（*Pilea cadierei* 'minima'），最高只會長到約 15 公分（6 吋），葉子也是一半大小。

Pilea sp. 'NoID'

俗名 灰綠冷水花 SILVER SPRINKLES

如同它的俗名，
灰綠冷水花是惹人憐愛的嬌小懸垂型植物，
葉子如同撒了魔法亮粉般熠熠生輝。

難易度
新手

光線需求
半日照

澆水
低頻率 - 中頻率

栽培介質
排水性強

濕度
中濕度

繁殖
枝插法

生長型態
懸垂型

擺放位置
書架或層架

毒性
寵物友善

　　灰綠冷水花的出身背景相當特殊，似乎在尚未正式命名發表，受到學者的接納前就上市販售，因此即便常用的學名為「*Pilea libanensis*」，它其實沒有正式名稱。更麻煩的是苗圃跟花市經常以「*Pilea glauca*」稱呼灰綠冷水花，這是為銷售方便所取的名字，不宜與「*Pilea glaucophylla*」混淆。若你對它有興趣，兩個名字都可以找看看，但要知道嚴格來說，兩種稱呼都是錯誤的。

　　撇開身分危機不談，灰綠冷水花養護簡單，偏好半日照，能忍受低光環境，但受不了強烈日光。在高濕度環境下生長旺盛，所以建議定期噴水，不過要是無法維持高濕度也沒關係。為避免爛根，排水性佳的介質是必要的，建議搭配使用珍珠石，另外等到表層5公分（2吋）土乾了再澆水，不過由於葉片細小，要是長時間缺水就很容易發黃乾枯，所以還是要拿捏好澆水時機。

　　灰綠冷水花適用吊盆或層架，若希望長得更茂密健康，可以適時修剪。

Pilea peperomioides

俗名 **鏡面草** CHINESE MONEY PLANT

鏡面草曾經相當熱門,是北歐風裝潢必備的擺設。
細長莖部搭配又大又圓、充滿光澤的葉子非常引人注目,
最初身分充滿謎團更是讓它成了大眾夢寐以求的珍品。

難易度
新手

光線需求
半日照

澆水
中頻率

栽培介質
排水性強

濕度
中濕度

繁殖
子株與側芽

生長型態
叢生型

擺放位置
桌面

毒性
寵物友善

鏡面草現在依然炙手可熱,但至少比以前好買多了,對於想為收藏增色的人來說是大好消息。原產於中國雲南和西南一帶,這種植物又被稱作友誼植物、傳教植物、薄煎餅草和飛碟草。

以上這些俗名部分就來自它的背景故事,鏡面草是由一位挪威傳教士在 1940 年代從中國帶回去跟親朋好友分享的,植株一個接著一個分送出去,很快就風靡北歐各地。在未來的數十年間,該品種在歐洲依然是身分不明的狀態,直到 1970 年代初,種植室內植物的風潮興起,才有人越來越好奇它的真面目。

為了一探究竟,標本被送到倫敦的皇家植物園邱園,但由於沒有開花,植物學家無法鑑定,最後在 1978 年輿論鼓動下,有人將帶著葉子的雄花序寄到邱園,經由植物學家判定是鏡面草,謎團才終於解開。

鏡面草會長側芽,繁殖起來相當容易,可以直接用鋒利的刀或修枝剪從母株根部剪下側芽,再放入水中或濕潤土壤等待發根即可。把剪下來的側芽分送出去可以說是向它的歷史致敬的好辦法。

只要滿足所有生長條件,鏡面草是相當好養的好室友,它偏好有間接明亮光源的位置,早上偶爾直曬也可以,澆水要澆透,若有多餘的水就靠排水孔排出,等到表層 5 公分(2 吋)的土乾了再澆水。有空的話可以朝葉子噴水,但不這麼做也無妨。

合果芋屬 SYNGONIUM

　　原產於中南美洲、墨西哥和西印度群島的熱帶雨林，合果芋屬是室內植物的中堅分子，大多合果芋屬都是栽培品種，葉色和斑紋變化多端，從深綠、黃綠到咖啡色和粉紅色都有（例如霓虹合果芋〔*Syngonium podophyllum* 'neon robusta'〕），也有幾乎全白的葉子（說的就是你，月光合果芋〔*Syngonium* 'moonshine'〕）或是葉色斑駁的品種，例如我們最愛的斑葉合果芋（*Syngonium podophyllum* 'albo variegatum'）。由於葉色繽紛，幼年期的合果芋屬常被誤認成彩葉芋屬（*Caladium*）。

　　合果芋屬幼年期的葉子通常小而呈心形，會漸漸變得箭頭狀，最後到成熟期才會變成掌狀。生長初期為叢生狀，隨著時間生成藤蔓，你可以自己決定是否要修剪，還是任由藤蔓蔓生。有些品種，例如狹葉合果芋（*S. angustatum*），在某些地區為入侵物種，所以在室外種植合果芋前記得要先做好功課。

難易度
新手

光線需求
半日照

澆水
中頻率

栽培介質
排水性強

濕度
中濕度

繁殖
枝插法

生長型態
攀緣型
懸垂型

擺放位置
書架或層架

毒性
有毒

Syngonium podophyllum

俗名 **合果芋** ARROWHEAD VINE

合果芋是合果芋屬中最常見的品種，原產於熱帶和亞熱帶地區的國家，從墨西哥到玻利維亞都可以見到它的蹤跡，在室內也可以活得很好。這種生長快速的植物隨著時間過去，葉子會越變越大，呈箭頭狀，等到成熟期就會變成掌狀。合果芋最初為叢生狀，等到安頓下來蔓性莖就會開始四處攀附，因此若希望維持一定的大小，可以定期修剪枝芽拿去繁殖，或放在層架上，在盆器中插上攀爬棒讓合果芋盡情地爬。

基本上所有品種的合果芋都很適合新手，因為它們隨便養隨便活，偶爾被遺忘也不會有太大問題。葉色較深的品種不太介意低光環境，但大多數還是需要非直射日照，而斑葉合果芋則如同所有斑葉植物，需要大量光線才能保有迷人的大理石色斑，不過記得避開強烈的直射陽光。

合果芋在野外是半水生植物，因此能在高濕度下生存，不過澆水頻率還是要拿捏好，以免長時間泡在水裡。這樣的特性也代表可以水耕繁殖，枝條應該在數週內就能發根。在照顧上，只要偶爾在葉子上噴水，春夏季每兩週使用劑量減半的肥料施肥就可以了。

合果芋

斑葉合果芋

標本：*Monstera adansonii*

天南星科／ARACEAE

龜背芋屬 Monstera

龜背芋屬名的字源為拉丁文中「怪異、異常」
的意思，該屬包含大約 50 種葉片奇形怪狀的開花
植物，天生滿是孔洞裂紋。這些常綠藤本植物隸屬
於天南星科，原產於美洲熱帶地區，是很棒的室內
植物。

而該屬的代表性植物非龜背芋莫屬，是世界各
地常見的室內植物，不過像是多孔龜背芋等更為稀
有的品種近年也開始嶄露頭角，受到大眾喜愛。在
野外，這種植物可以靠著氣根攀爬巨木，長到 20
公尺（60 呎）高，不過在室內就不太可能到達這
種規模。

如同其他天南星科的植物，龜背芋屬為佛焰花
序，也就是花軸上長滿了密密麻麻的小花。雖然種
在室內的龜背芋不太可能開花，不過光是葉子之美
就值得在你的室內綠洲中獲得一席之地。

Monstera adansonii

俗名 **多孔龜背芋 SWISS CHEESE VINE**

跟龜背芋比起來，
多孔龜背芋更為嬌小，但一樣迷人，
心形葉片上充滿孔洞，
如同龜殼的花紋，名符其實。

難易度
綠手指

光線需求
半日照

澆水
中頻率 - 高頻率

栽培介質
排水性強

濕度
高濕度

繁殖
枝插法

生長型態
攀緣型
懸垂型

擺放位置
書架或層架

毒性
有毒

多孔龜背芋原產於中南美洲，常與窗孔龜背芋（*Monstera obliqua*）混淆，後者的葉形更為尖長，孔洞更大，也比多孔龜背芋還要罕見難尋。

多孔龜背芋偏好無直射陽光的明亮處，土壤要保持濕潤，但不要過濕，挑選排水性好的介質加上椰纖可以確保水分充足，同時也不會有積水爛根的危險。這些原本住在叢林的植物喜歡高濕度環境，在一般住家較難達成，建議定期噴水，若求好心切，最理想的狀況是買一台加濕器。要是養分不足，多孔龜背芋馬上就會抗議，所以記得要每年換土，另外到了生長期，建議每隔幾週就使用劑量減半的肥料施肥。

百變的龜背芋可以掛在牆上、用吊盆讓葉子自然低垂，若想要讓它向上生長，也可以用攀爬棒，不過要注意若是沒有東西攀附，植株容易徒長，葉子也會越長越散，而只要有穩固的攀爬棒，龜背芋就會長得更加挺拔。可用枝插法繁殖，將剪下的枝條插回盆裡讓盆栽變得茂密。

Monstera deliciosa

俗名 **龜背芋** SWISS CHEESE PLANT

龜背芋號稱室內植物界的中心人物，
只要是對室內植物有研究的人，家裡肯定會有一盆，
從墨西哥南部到巴拿馬南部的熱帶雨林都可以見到它們的身影，
不管放在哪裡，都會是充滿綠意的吸睛裝飾。

難易度
新手

光線需求
半日照

澆水
中頻率

栽培介質
排水性強

濕度
中濕度

繁殖
枝插法

生長型態
攀緣型

擺放位置
地板
層架

毒性
有毒

雖然幼年期的心形葉子也很惹人憐愛，但成熟期出現的裂葉才是龜背芋受人喜愛的原因。

龜背芋除了長相別緻，更是非常適合懶人的植物，只要放在沒有直射日光的明亮處，定期澆水（等表層5公分／2吋的土乾了再澆），它就會生氣蓬勃。龜背芋會長得又快又大，所以記得要留點空間給它，建議可以適時加上攀爬棒，讓它有東西可以攀附。

若想繁殖，只要剪下包含葉節點和氣根的枝條，插入水中或介質即可。這個方法也適用於植物需要修剪或長太大該換盆時。

龜背芋的拉丁學名取自其在野外會結出的美味果實，聽說吃起來像水果沙拉，可惜在室內不太可能結果。不過有這麼美的葉子能欣賞，沒有果實也沒關係，記得要經常擦拭葉面或偶爾清洗一下，有空也可以噴水保濕。

Monstera deliciosa 'borsigiana variegata'

俗名 白斑龜背芋 VARIEGATED SWISS CHEESE PLANT

有時植物會突然變得炙手可熱，
白斑龜背芋就是很好的例子。

難易度
綠手指

光線需求
半日照

澆水
中頻率

栽培介質
排水性強

濕度
高濕度

繁殖
枝插法

生長型態
攀緣型

擺放位置
地板

毒性
有毒

右圖為嬌貴的白斑龜背芋，因獨特的斑葉受人喜愛，是近年來最搶手的品種之一，看了它的模樣想必就能理解。有如塗了白漆的葉子可以長到將近 1 公尺（3 呎 3 吋）寬，如同一般的龜背芋，等成熟了就會長出裂葉，每片綠葉都會帶有獨特的斑紋。

跟所有斑葉植物一樣，白斑龜背芋喜歡明亮處，葉片白色的部分沒辦法吸收陽光，所以需要更多陽光才能行光合作用，但切記要避免直射光線，免得美麗的葉子被曬傷。白斑龜背芋的生長速度比一般的龜背芋還要慢，但還是有辦法長到差不多的高度，因此要預留空間。它也比一般的

龜背芋還要不耐旱，因此土壤應保持濕潤，但不能澆水過度，介質和盆器都需要顧及排水性。

葉緣焦化，尤其是白色的部分是常有的事，通常是濕度過低、澆水不足或曝曬造成的。若你真的想救活花了大錢買來的白斑龜背芋，那請改用蒸餾水或雨水澆水。

除了白斑龜背芋以外，市面上的斑葉龜背芋還包括濃黃斑龜背芋（*M. deliciosa* var. borsigiana 'aurea variegata'）、泰斑龜背芋（*M. deliciosa* 'Thai constellation'）以及最稀有的日本白斑龜背芋（*M. deliciosa* var. *albo variegata*），每一種都有如鳳毛麟角，生長速度更是奇慢。

Monstera siltepecana

俗名 **夕特龜背芋** SILVER LEAF MONSTERA

夕特龜背芋原產於墨西哥和中美洲各地，
也是相當稀有的龜背芋品種。

難易度
新手
光線需求
半日照
澆水
中頻率
栽培介質
排水性強
濕度
高濕度
繁殖
枝插法
生長型態
攀緣型
懸垂型
擺放位置
書架或層架
毒性
有毒

若你有幸能買到夕特龜背芋，那這生長快速、容易養護的帥氣植物絕對不會讓你失望，在野外，從幼年期的陸生植物到成熟的附生植物，它有著深綠葉脈的的革質葉子會漸漸變成暗綠色，並長出龜背芋屬為人稱道的招牌裂葉。

這來自雨林的植物偏好無直射陽光的明亮處、濕潤土壤和高濕度環境，若養在室內，當以上條件都符合時，就會長得很快，不過在居家環境中，一般都只會維持在幼年期。如同多孔龜背芋，夕特龜背芋也很適合搭配吊盆、層架或花架，讓葉子垂墜，也是用來製作玻璃生態瓶的熱門選擇。

要是你的夕特龜背芋越長越亂，就可以適時修剪，把枝條拿來繁殖。就這品種的稀有度來說，肯定會有許多植友排隊等著搶的。

觀葉植物

竹芋科／MARANTACEAE

孔雀竹芋屬 與
肖竹芋屬 Calathea+Goeppertia

　　肖竹芋屬（*Goeppertia*）因為受到科學界質疑，因此該屬的許多植物都被重新分類到相近的孔雀竹芋屬（*Calathea*），直到 2012 年左右，一連串的基因檢測證明了孔雀竹芋屬底下的一個亞屬事實上來自不同的祖先，肖竹芋屬才又再度納入，250 種植物也重新正名。令人混淆的是許多人，甚至包括苗圃還是會以孔雀竹芋屬稱呼它們，為了方便查閱，我們便將兩種屬放在一起介紹。

　　無論你看中的是孔雀竹芋屬還是肖竹芋屬植物，肯定都會注意到它們的葉子，上頭如水彩般亮麗的花紋極具辨識度，也是其在市場上相當搶手的主因，有趣的是葉子從早到晚會像跳舞般擺動，因此暱稱為「祈禱者」。原產於美洲熱帶地區，諸多在野外生長的種類已經瀕臨絕種，在在彰顯了生態系的脆弱和我們保護環境的義務。

Calathea lietzei

俗名 小竹芋 PEACOCK PLANT

小竹芋和它的栽培品種明豔動人，然而在養護方面非常講究。

難易度
綠手指

光線需求
半日照

澆水
中頻率

栽培介質
排水性強

濕度
高濕度

繁殖
分株法

生長型態
叢生型

擺放位置
桌面

毒性
寵物友善

這個來自拉丁美洲的美人偏好高濕度環境，要是濕度太低，多彩的葉片會出現焦邊的情況，如果你想要好好照顧它，最好買一台加濕器，頻繁噴水跟把盆栽放在加了碎石的蓄水盤上也是提高濕度的好辦法。

左圖為最常見的栽培品種油畫竹芋（ *C. lietzei* 'white fusion'），葉片猶如大師筆下的畫作，深淺不一的綠與白色交織在一起，葉背則為粉紫色。

小竹芋基本上能忍受低光環境，但若想要維持它受人青睞的斑葉，一定要多少照點非直射日光，避免陽光直曬。土要保持濕潤，看到表層的土乾了就可以澆水，反過來說，千萬不要過度澆水，拿捏好平衡是很重要的，一旦你摸清自己家植物的脾性，自然就會上手。

雖然比其他品種更吹毛求疵，油畫竹芋並不怕你偶爾疏於照顧，只要摘除乾枯的葉子，恢復定期澆水噴水的習慣就行了。

Goeppertia kegeljanii

俗名 **馬賽克竹芋** NETWORK CALATHEA 異學名 *Calathea musaica*

馬賽克竹芋的翠綠葉子上有著精細的網格紋路，
很容易讓人聯想到紡織品或是馬賽克玻璃。

難易度
綠手指

光線需求
半日照

澆水
中頻率

栽培介質
排水性強

濕度
低濕度

繁殖
分株法

生長型態
直立型

擺放位置
桌面

毒性
寵物友善

　　無論馬賽克竹芋葉子的格紋會讓你聯想到什麼，它的美是無庸置疑的。

　　原產於巴西雨林，馬賽克竹芋是肖竹芋屬中最為勇健的品種，有別於它的近親，它對高濕度沒那麼講究，因此就算沒有每天噴水也沒關係，馬賽克竹芋也不像其他動不動就口渴的品種一樣容易受到紅蜘蛛的侵擾。靠著能貯水的蠟質葉片，它也較能忍受強光照射，早上的陽光能促進生長，但請避免強烈的午後日照。澆水的頻率適中即可，等到表層 5 公分（2 吋）的土乾了再澆水。

　　馬賽克竹芋每一到兩年就要換盆，最好挑春季進行，也可以趁著這個時候分株繁殖，建議你將孔雀竹芋屬與肖竹芋屬植物擺在一起，兩者爭妍鬥奇不僅是視覺饗宴，如此也能維持環境濕度，想確認植物狀況也只要跑一趟就好了。

Goeppertia orbifolia

俗名 **青蘋果竹芋** PEACOCK PLANT　異學名 *Calathea orbifolia*

青蘋果竹芋的葉子青綠碩大，帶有銀色條紋，還會越長越大，
著實有唯我獨尊的氣勢，如同英文俗名所戲稱的孔雀般光彩奪目。

難易度
綠手指

光線需求
明亮無日照

澆水
中頻率

栽培介質
保水性強

濕度
高濕度

繁殖
分株法

生長型態
叢生型

擺放位置
桌面

毒性
寵物友善

青蘋果竹芋的外觀大氣有質感，讓人感覺十分清爽，絕對能為你的室內綠洲增添光彩，但要記得這樣的美貌不是憑空而生的，這位大牌天后需要與原產地相近的高濕度環境，這可是要照顧好這種植物的第一要件。切記要避開門窗灌進來的風和冷氣，盡量靠能提高濕度的物品近一點，不管是可靠的噴霧瓶、加了碎石的蓄水盤或是跟其他有同樣濕度需求的植物朋友擺在一起也行。

青蘋果竹芋為林下植物，可以忍受低光環境，但若擺在沒有直射光線的明亮處就會長得很快，直射日照，尤其是接近午後會把它的葉子曬傷，所以能避則避。澆水盡量使用過濾水，土壤要保持濕潤，但不能過濕，澆水後要記得倒掉底盤的積水。春夏季時最好每兩週就用劑量減半的液肥施肥，用濕布清潔葉片，基本上我們會建議不要使用亮葉劑，照顧青蘋果竹芋更是如此，因為它的葉子特別敏感，可以改用園藝用油或環保油達到一樣的效果而不會對植物造成傷害。

青蘋果竹芋每兩年就能繁殖，只要在春季小心翼翼地將根系一分為二，馬上移植到新的盆土中，很快地數量就會多到能擺滿每個房間了。

天南星科／ARACEAE

喜林芋屬 Philodendron

喜林芋屬（*Philodendron*）是天南星科中涵蓋數量第二多的屬，包含將近 500 種植物，大多擺在家中都能成為裝飾亮點。該屬名取自於希臘文的「愛」（philo）與「樹」（dendron），或許正好顯示了要愛上這種各有特色、枝葉繁茂的植物有多麼容易。如同所有天南星科下的植物，這種多葉熱帶植物的繁殖器官為長滿小花的肉穗，外層則由苞片特化形成的佛焰苞包裹起來。它們的生長方式多變，不過大多喜林芋屬原本都是生長在林地上，然後開始攀附支持物，成為附生植物。喜林芋屬幼年期的葉片跟成熟期的迥然不同，但皆具觀賞價值，從黑金蔓綠絨（*P. hederaceum* var. *hederaceum*）的深色絨葉（請見 102 頁）到錦緞蔓綠絨（*P. gloriosum*）的亮白葉脈（請見 105 頁），不管有沒有長大，這些熱帶植物都能為你的室內綠洲增添全新的色彩質感和風景。

標本：*Philodendron melanochrysum* × *gloriosum* 'glorious'

Philodendron bipennifolium

俗名 **琴葉蔓綠絨** HORSEHEAD PHILODENDRON

如果你想要養長相奇特的喜林芋屬植物，那琴葉蔓綠絨肯定是首選，它充滿光澤又狀似小提琴的綠葉正是它名稱的由來。

難易度
新手

光線需求
半日照

澆水
中頻率

栽培介質
排水性強

濕度
中濕度

繁殖
枝插法

生長型態
攀緣型

擺放位置
書架或層架

毒性
有毒

琴葉蔓綠絨是半附生植物，意味著它一開始是在地面生長，接著才靠長長的莖部和氣根攀爬樹木，往雨林林冠層延伸，因此若有穩固的支架或攀爬棒的話，這種熱帶植物肯定會生機勃勃。

因為原產於巴西南部、阿根廷和玻利維亞的熱帶雨林，琴葉蔓綠絨偏好無直射光線的明亮處，澆水要澆透，讓水從盆底流出，等到表層 5 公分（2 吋）的土乾了再補水，記得要時常清潔葉面，這樣植物不僅會開心，也能避免灰塵阻礙到光合作用。建議每兩年就要換盆換土，不過盆器不一定要換得更大，因為它不喜歡太鬆的土壤。另外所有喜林芋屬植物都是有毒的，所以請遠離寵物和孩童。

觀葉植物

Philodendron 'birkin'

俗名 **鉑金蔓綠絨** PHILODENDRON BIRKIN

想要花小錢就有大享受嗎？名牌包有可能會退流行，
但一盆鉑金蔓綠絨永流傳，還不用傾家蕩產。

難易度
新手

光線需求
半日照

澆水
中頻率

栽培介質
排水性強

濕度
低濕度

繁殖
枝插法

生長型態
懸垂型

擺放位置
書架或層架

毒性
有毒

　　鉑金蔓綠絨時尚又搶手，深綠葉子有白紋點綴，肯定能為你的室內綠洲增添颯爽英姿。這是近年才培育出來的雜交種，因此成熟植株確切能長到多高目前還沒有定論，數據從 50~100 公分（1~3 呎 3 吋）都有，總而言之雖然生長速度緩慢，但葉叢濃密，美麗不減。

　　如同該屬的大多植物，鉑金蔓綠絨相當好養，若想維持對比鮮明的斑葉，明亮的散射光是很重要的，選用的介質也要兼顧排水性跟通風。它能忍受較乾的環境，在一般低濕度的室內空間也可以長得很好，記得在春夏季定期施肥，以促進生長。

Philodendron erubescens 'white princess'

俗名 **白公主蔓綠絨** WHITE PRINCESS PHILODENDRON

見到白公主蔓綠絨並不需要行禮，
不過它優雅高貴的葉片或許會讓你情不自禁。

難易度
新手
光線需求
半日照
澆水
中頻率
栽培介質
排水性強
濕度
中濕度
繁殖
分株法
生長型態
懸垂型
叢生型
擺放位置
桌面
毒性
有毒

這原產自哥倫比亞的植物擁有滿是白色斑塊的碩大葉片，在一片綠意中格外顯眼，雖然生長速度較慢，隨著它長大，你可以加上攀爬棒讓它向上攀附或任由它垂墜。以皇室成員來說，這位公主一點都不嬌生慣養，但切記要放在沒有直射光的明亮處，才有辦法維持它受人喜愛的斑葉。

適度澆水即可，要使用排水性佳的介質，等表層5公分（2吋）的土乾了再澆水，同時環境盡量保持高濕度。

建議定期噴水或將植物放在裝有碎石的蓄水盤上，白公主蔓綠絨不耐寒，所以要避免極端溫差或結霜的情況。如果想讓葉叢保持茂密，記得要定期用濕布擦拭葉子，避免積太多灰塵，另外每隔一個月就沖洗一遍。

想要更繽紛的色彩嗎？喜歡白公主蔓綠絨的植友也會被粉紅公主蔓綠絨（pink princess）和橙王子蔓綠絨（prince of orange）迷倒，兩者如名稱所示，能夠為你的室內綠洲帶來豐富的色彩。

觀葉植物

橙王子蔓綠絨

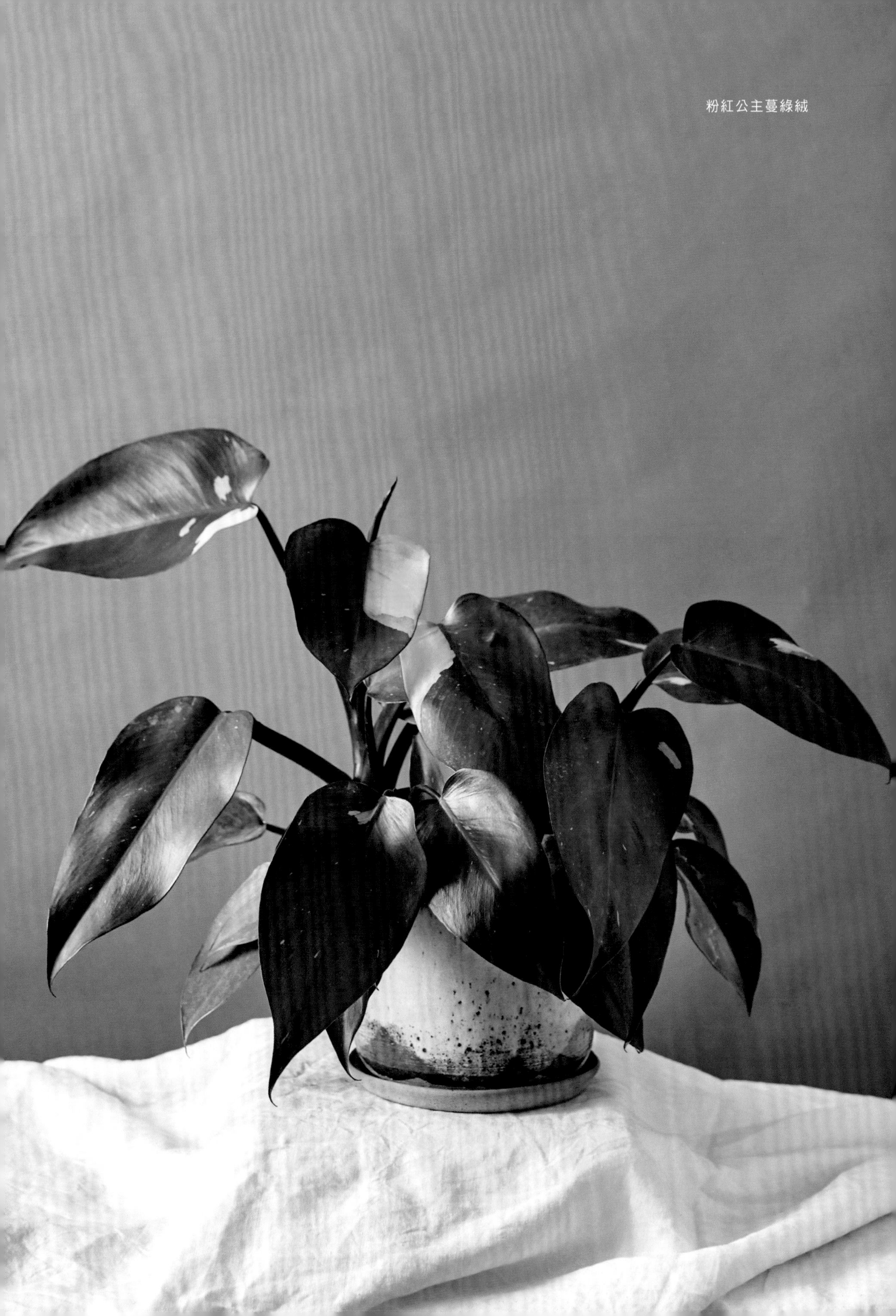

粉紅公主蔓綠絨

Philodendron hederaceum

俗名 **心葉蔓綠絨** HEARTLEAF PHILODENDRON

心葉蔓綠絨擁有迷人的心形葉片，總是讓人一見鍾情。

難易度
新手

光線需求
半日照

澆水
中頻率

栽培介質
排水性強

濕度
中濕度

繁殖
枝插法
分株法

生長型態
攀緣型
懸垂型

擺放位置
書架或層架

毒性
有毒

心葉蔓綠絨是半附生植物，不管是放在書架上讓綠葉流瀉而下或是加上支架讓它攀緣而上都很合適，這種植物怎麼養怎麼活，不需要花太多心力就會枝繁葉茂，還有淨化空氣、過濾甲醛和苯等有害物質的功效。

心葉蔓綠絨隨遇而安，就算偶爾被遺忘也沒有關係，因此健忘的植物父母不用太過擔心，它偏好無直射光線的明亮處，但低光環境也不成問題，短時間沒澆水也無妨，不過最好還是定期給水，等到表層 5 公分（2 吋）的土乾了再澆透即可。若希望心葉蔓綠絨可以長得整齊又漂亮，記得要定期修剪，以促進生長。剪下來的枝條只要插在水裡就能發根，是非常適合送給親朋好友的小禮物，如同其他喜林芋屬植物，心葉蔓綠絨也具有毒性，所以請避免讓寵物和孩童接觸到。

Philodendron hederaceum 'Brasil'

俗名 **斑葉心葉蔓綠絨** PHILODENDRON 'BRASIL'

你是不是覺得不可能有比前面介紹的心葉蔓綠絨更美的葉子了呢？
你錯了，來瞧瞧比經典款更為絢麗的斑葉心葉蔓綠絨吧。

難易度
新手

光線需求
半日照

澆水
中頻率

栽培介質
排水性強

濕度
中濕度

繁殖
枝插法

生長型態
攀緣型
懸垂型

擺放位置
書架或層架

毒性
有毒

斑葉心葉蔓綠絨的葉子配色如同巴西國旗，養護容易，對毫無經驗的植場新手來説是試水溫的好選擇。

它的生長條件跟心葉蔓綠絨很類似，對光照沒那麼講究，但若想保持斑葉的色澤（這肯定是你看上它的主因吧），明亮的散射光線是必要的。只要照顧得當，斑葉心葉蔓綠絨長得非常快，一下就能長出及地的枝蔓，所以放在層架上或吊盆裡讓它隨風搖曳吧，偶爾可以修剪靠近頂部的枝條，從節點上方下刀，才會越長越茂密。

斑葉心葉蔓綠絨的澆水頻率為中等，大概一週澆一次就夠了，等表面 2~5 公分（3/4~2 吋）的土乾了再澆水，雖然定期澆水是最理想的，但如果你貴人多忘事，斑葉心葉蔓綠絨也不會太過苛責的。

Philodendron hederaceum var. hederaceum

俗名 **黑金蔓綠絨** VELVET LEAF PHILODENDRON

有著深綠心形葉片的黑金蔓綠絨垂墜的姿態優雅高貴，
其幼年期的葉子為紅銅色，
成熟後就會變成墨綠帶紅，同時保有金屬光澤。

難易度
新手

光線需求
半日照

澆水
高頻率

栽培介質
排水性強

濕度
高濕度

繁殖
枝插法

生長型態
攀緣型
懸垂型

擺放位置
書架或層架

毒性
有毒

黑金蔓綠絨的葉子薄到看似透明，在光線照射下還帶有金屬光澤，這樣的質感不但彰顯了它的不平凡，也是它名稱的由來。

幸運的是想保持這樣帥氣的外表不需要耗費太多心力，黑金蔓綠絨偏好無直射光線的明亮處，但也能應付低光環境。在天氣較溫暖的時候，土壤要保持濕潤，等到表層土乾了再澆水即可，秋冬季由於生長緩慢，水可以少澆一點。

黑金蔓綠絨常被誤稱為「*Philodendron* 'micans'」 或「*Philodendron hederaceum* 'micans'」，大概是因為本名太長了吧，撇開這個不談，它不管是攀附在攀爬棒或植物牆上，或是隨意垂掛都很好看。要是枝蔓越長越亂，只要稍微修剪一下就可以了，剪下的枝條可以插在水裡，看是要換盆種還是送人都行。黑金蔓綠絨不耐寒，因此天氣一變冷就很容易掉葉。

Philodendron melanochrysum × gloriosum 'glorious'

俗名 **榮耀蔓綠絨** PHILODENDRON 'GLORIOUS'

這種較為罕見的天南星科植物炙手可熱不是沒有理由的，
只要養護得當，絕對能為室內增添一抹綠意。

難易度
綠手指

光線需求
半日照

澆水
高頻率

栽培介質
排水性強

濕度
高濕度

繁殖
枝插法

生長型態
攀緣型

擺放位置
書架或層架

毒性
有毒

榮耀蔓綠絨是錦緞蔓綠絨和絨葉蔓綠絨（*P. melanochrysum*）的雜交種，為育種家基斯·韓德森（Keith Henderson）在 1970 年代培育出來的，誠如其名，它的絨葉光亮典雅，亮白葉脈與碧綠葉面形成對比，想當然非常搶手。

榮耀蔓綠絨需要排水性佳的介質，土壤要保持濕潤，但不能積水，它還需要高濕度環境，所以最好定期噴水。如同所有的喜林芋屬植物，它偏好無直射光線的明亮處，因此請避免直曬，免得把漂亮的葉子曬傷。如果想要讓它向上攀爬，可以加上水苔棒。

Philodendron pedatum

俗名 龍爪蔓綠絨 OAK LEAF PHILODENDRON

喜歡葉子碩大的攀爬植物嗎？那就把龍爪蔓綠絨帶回家吧。

難易度
新手

光線需求
半日照

澆水
中頻率

栽培介質
排水性強

濕度
中濕度

繁殖
枝插法

生長型態
攀緣型

擺放位置
地板

毒性
有毒

原產於巴西和委內瑞拉，龍爪蔓綠絨的葉子如同名稱，長得就像龍爪，掌狀裂葉蒼翠有光澤，線條立體有質感，讓人百看不厭。如同所有的蔓性喜林芋屬，它需要空間和支架來攀爬，不過只要細心呵護它，葉子有可能長到超過 30 公分（12 吋）長。

龍爪蔓綠絨養護容易，適用於所有等級的室內植物迷，請選用排水性佳又通風的介質，一旦表層 5 公分（2 吋）的土乾了就再澆透。即便生性隨和的它對生活環境沒有特別講究，但最好還是擺在無直射光線的明亮處，春夏季可以每個月定期施肥，好促進生長，偶爾也要擦拭葉面，免得積灰塵。

銀葉蔓綠絨 × 刺柄蔓綠
（*Philodendron sodiroi* ×
Philodendron verrucosum）

培育出這出色雜交種的育種家雖然身分不詳，但他如果不是天才，就是極度幸運，看看這氣宇不凡的架勢就知道了。這稀有的品種展現了2種親本銀葉蔓綠絨和刺柄蔓綠絨的特徵，比較適合在終年都能維持高濕度的溫室裡生長。

絨葉蔓綠絨

Philodendron squamiferum

俗名 **綿毛蔓綠絨** RED BRISTLE PHILODENDRON

綿毛蔓綠絨的特別之處就是長了紅色細毛的莖部，
因此又名為「紅毛柄蔓綠絨」。

難易度
新手

光線需求
半日照

澆水
中頻率

栽培介質
排水性強

濕度
中濕度

繁殖
枝插法

生長型態
攀緣型

擺放位置
地板
桌面

毒性
有毒

綿毛蔓綠絨的莖部一開始是淺粉紅色的，之後才會漸漸變成紅色，長出細毛，葉片則為五裂，隨著植株成熟，裂口也會越來越大。綿毛蔓綠絨原產於哥倫比亞、秘魯和巴西，適應力極強，只要氣溫不要太低，基本上在任何環境都能長得很好，很適合養在室內。

請將植物放在無直射光照的明亮處，避開直射日光，以免革質葉片曬傷。澆水頻率中等，可以等表層 5 公分（2 吋）的土乾掉再澆，由於來自雨林，建議每週噴水，如果想讓巨大的葉子保持光澤，也要記得定期用乾淨的布或軟毛刷清理葉片上的灰塵。

Philodendron tatei ssp. melanochlorum 'Congo'

俗名 **剛果蔓綠絨** CONGO PHILODENDRON

剛果蔓綠絨是直立性的栽培品種，很像之前介紹過的白公主蔓綠絨，會向外向上長，高度和寬度最多可達60公分（2呎）。

難易度
新手

光線需求
半日照

澆水
中頻率

栽培介質
排水性強

濕度
中濕度

繁殖
枝插法

生長型態
叢生型

擺放位置
地板
有遮蔽的陽台

毒性
有毒

剛果蔓綠絨包含多種葉色，是相對較新的栽培品種。

左圖的紅剛果蔓綠絨（rojo Congo）葉子碩大又迷人，在幼年期為紅銅色，漸漸演變成深紅褐色，最後才變成暗綠色，莖部跟葉柄則帶紅色。一般的剛果蔓綠絨則是擁有葉緣平滑的橢圓綠葉。

剛果蔓綠絨生命力頑強、忍耐度又高，很好照顧，只要不是極度寒冷的氣候，它基本上適應力很強，因此種在室內或有遮蔽的陽台都可。它偏好明亮的散射光，紅剛果蔓綠絨更是如此。短時間沒澆水也沒關係，但最好看到表層5公分（2吋）的土乾了就補水，要是光照充足，記住澆水的頻率也要變高。

Philodendron tortum

俗名 **魚骨蔓綠絨** SKELETON KEY PHILODENDRON

原產於哥倫比亞和巴西，魚骨蔓綠絨獨一無二，
葉片呈羽狀深裂，長得就跟魚骨頭一樣。

難易度
新手

光線需求
半日照

澆水
高頻率

栽培介質
排水性強

濕度
高濕度

繁殖
枝插法

生長型態
攀緣型

擺放位置
桌面

毒性
有毒

　　魚骨蔓綠絨長相獨特，相當受歡迎，新葉會像螺旋開瓶器一樣舒展開來，突出的外表和質感絕對能為你的室內綠洲增添與眾不同的綠意。

　　在野外，這種蔓性附生植物的幼苗是在地上長大，成長後會一步步向上攀爬，直達雨林林冠層；在家中，你可以利用攀爬棒或是任由它自由生長。儘管魚骨蔓綠絨相當稀有，事實上是不太需要操心的植物，有別於極度不耐寒的原生種，從組織培養苗繁殖出來的植株更為勇建，冬天或許會掉個幾片葉子，但基本上不會休眠。

　　如同大多的喜林芋屬，魚骨蔓綠絨偏好無直射光線的明亮處，介質建議選用排水性佳且通風的種類，發現表層 5 公分（2 吋）的土乾了就澆水，等個 30 分鐘後，底盤若還有積水就要倒掉。它骨頭般細長的葉片非常脆弱，所以照顧的時候要特別小心，免得不小心傷到它。

苦苣苔科／GESNERIACEAE

長果藤屬 Aeschynanthus

　　長果藤屬（*Aeschynanthus*）包含 150 種來自熱帶和亞熱帶，會開繽紛花朵的懸垂型附生植物，其名稱是由拉丁文「羞恥」（*aischuno*）和「花」（*anthos*）組合而成，因此英文別名為「羞花」（Shame-flower），就像海芋屬（*Alocasia*）的暱稱為「象耳」、花燭屬又被稱為「火鶴花屬」一樣。

　　該屬的植物五花八門，某些品種有著肥厚的蠟質葉子，有些的葉片則更為柔軟，不過最常被當作室內植物的種類，例如虎斑口紅花（*A. longicaulis*）和毛萼口紅花（*A. radicans*）的外觀就雷同，因花苞狀似口紅而得名。雖然葉片和花朵的色澤有所不同，這些來自熱帶的美人所需的生長條件卻差不多，它們性喜溫暖環境，而短暫冬天的寒冷氣溫則能促發它們開出招牌花朵。

難易度
新手

光線需求
半日照

澆水
中頻率

栽培介質
排水性強

濕度
中濕度

繁殖
枝插法

生長型態
懸垂型

擺放位置
書架或層架

毒性
寵物友善

Aeschynanthus radicans

俗名 **毛萼口紅花** LIPSTICK PLANT

毛萼口紅花呈卵形的蠟質綠葉如瀑布般傾盆而下，在野外可以長到 1.5 公尺（5 呎）長，而在室內就不會這麼誇張，若照顧得當可以長到 90 公分（3 呎）長，搭配標誌性的鮮紅花朵，不管在任何空間都非常吸睛。

只要好好照顧，毛萼口紅花在室內也能變得莖葉繁茂，原產於馬來西亞和印尼等潮濕的熱帶國家，它需要一定的濕度，這點只要靠定期噴水就能搞定。儘管

它在原生地會攀附樹木生長，在室內只要有排水性強又通風的介質就能存活，你可以選擇用木板或蘭花常用的軟木板將毛萼口紅花做成板植，但記得澆水的頻率要提高，水分才夠充足。

如果希望口紅花的葉子更茂盛、花開得更多的話，可以等到開完花之後用鋒利的修枝剪將過長的枝條剪掉原本的 3 分之 1 長即可，這樣可以防止枝條徒長，變得雜亂不堪。

標本：*Ficus elastica* 'tineke'

榕屬 Ficus

榕屬含括超過 850 種植物，名字取自可食用的榕果，大部分為常綠植物，主要原產於非洲和亞洲的熱帶地區，在野外，它們一般生長於陰暗的林下，因此格外適合居家環境。從葉子富光澤又強健的印度橡膠樹（*Ficus elastica*，請見 127 頁）到神聖不可侵犯又嬌美的孟加拉榕（*Ficus benghalensis*，請見 120 頁），這些來自雨林的貴客近年來成了室內植物的首選，想想它們青翠繁茂的葉子和淨化空氣的功效，這也不無道理。

Ficus benghalensis 'Audrey'

俗名 **孟加拉榕** BENGAL FIG

孟加拉榕又稱「尼拘樹」，在原產地印度被視為神聖的象徵，
根據佛教的傳說，迦葉佛就是在這種樹下成佛的。

難易度
新手

光線需求
半日照

澆水
中頻率

栽培介質
排水性強

濕度
中濕度

繁殖
枝插法

生長型態
直立型

擺放位置
地板

毒性
有毒

這枝葉繁茂的巨人是世界上樹冠覆蓋面積數一數二廣的樹木，在棲息地可以為其他植物提供綠蔭。

在室內，孟加拉榕非常適合放在寬敞的客廳或辦公空間作為視覺焦點，這種觀賞植物有淨化空氣的效果，若想挑選比較特殊的榕屬植物，這會是很好的選擇。它油綠的橢圓葉片與淺綠網脈形成對比，枝幹粗壯、枝葉茂盛，看起來如同樹木般挺拔。

有別於同屬的琴葉榕（*Ficus lyrata*），孟加拉榕對於澆水頻率、溫度與濕度變化較不敏感，它偏好無直射光照的明亮處，也能忍受短時間直曬和低光環境，說它好相處還太小看它了！在夏季，可以用劑量減半的肥料替孟加拉榕施肥，但到生長減緩的秋冬季就要先停一下，值得一提的是它的樹汁有毒，所以修剪的時候要注意，另外也要遠離孩童和寵物。

Ficus benjamina

垂榕有著秀麗的葉子，因小枝彎垂而得名，
諷刺的是這也能用來形容它常掉葉的特性，非常嬌生慣養。

難易度
綠手指

光線需求
半日照

澆水
中頻率

栽培介質
排水性強

濕度
中濕度 - 高濕度

繁殖
枝插法

生長型態
直立型

擺放位置
地板

毒性
有毒

會讓敏感的垂榕感到壓力、進而掉葉的情況有百百種，雖然稍有差池，它就會馬上表現出來，但想要找出確切的問題所在絕非易事，有可能是澆水過多過少、換盆無法適應、遭受病蟲害或著涼，換句話說，它對於生活環境真的非常吹毛求疵。

話雖如此，只要擺放在無直射光線的明亮處、定期澆水，等到表層 2~5 公分（3/4~2 吋）的土乾了再補，這充滿魅力的室內植物就會欣欣向榮，讓用盡心思的植物父母非常有成就感。在理想的狀況下，垂榕長得相當快，淨化空氣的能力也很強，只要定期噴水、維持高濕度，基本上就不用太過擔心，若想促進生長，可以在春夏季每一個月施一次肥。

Ficus binnendijkii

俗名 **亞里垂榕 SABRE FIG**

這高大挺拔的榕屬植物風姿瀟灑，
細長針形的深橄欖綠葉讓人聯想到澳洲原住民的膚色。

難易度
新手

光線需求
半日照

澆水
中頻率

栽培介質
排水性強

濕度
中濕度

繁殖
枝插法

生長型態
直立型

擺放位置
地板
有遮蔽的陽台

毒性
有毒

亞里垂榕是放在室內外都合適的盆栽植物，尤其是有遮蔽的陽台更好。

它的生長速度相對緩慢，然而不管大小如何，看起來都一樣優美。葉片一開始會長得很茂密，但隨著步入成熟期，位於底部的葉子會掉落，顯露出枝幹。如果想促進生長，我們建議每兩年就趁著冬末換盆，但要記得盆器的尺寸不要一下跳太大，免得根系與土壤有太多空隙。它偏好無直射光線的明亮處，但也能忍受低光環境。

亞里垂榕近期還有一個新的栽培品種「Ficus 'alii petite'」，如右圖所示，是人工培育出來的植物，但也很適合種在室內。比起亞里垂榕，它比較不會鬧脾氣，除非澆水狀況不佳，不然掉葉的情況也好很多，而且也不容易遭受病蟲害，不過因為樹汁有毒，對寵物來說很危險。如果想讓亞里垂榕保持相貌堂堂，在春夏季可以每個月用劑量減半的液肥施肥一次。

乳斑紋緬樹（*Ficus elastica* 'robusta'）

Ficus elastica

俗名 **印度橡膠樹** RUBBER PLANT

印度橡膠樹有著富光澤的強健葉子和長得又高又壯的潛力，實在不容小覷。
身為直立性的品種，比較適合放在地上，特別是成熟的植株，
不管是放在明亮的角落或有遮蔽的陽台都相當炫目奪人。

難易度
新手

光線需求
半日照

澆水
中頻率

栽培介質
排水性強

濕度
中濕度

繁殖
枝插法

生長型態
直立型

擺放位置
地板

毒性
有毒

健壯的印度橡膠樹養護簡單，就算稍微遭到忽視也沒關係，要是澆水過少，葉子很快就會枯萎，長時間沒澆水的話葉子還會蜷曲，想避免這種情況的話就要養成定期澆水的習慣，大概每週將土澆透一次就夠了，但只要看到表層5公分（2吋）的水乾了就可以再補水。印度橡膠樹的葉面較寬，容易積灰塵，所以記得要定期用濕布清潔，如果希望葉片光亮，可以定期噴灑環保油或用植物油和洗碗精調製的混液，連帶還有驅蟲效果。它對於劇烈的溫差變化很敏感，因此請避開直吹的冷熱空氣。如同所有榕屬植物，不管是碰觸或誤食樹汁都會引起不適，所以記得要遠離好奇心旺盛的寵物和孩童。

印度橡膠樹還包含許多斑葉品種任君挑選，例如白綠紅交雜的 *Ficus elastica* 'tineke' 和綠中帶紅的 *Ficus elastica* 'ruby'，都可以讓你的室內綠洲更加多采多姿。記得若要維持斑葉的迷人色澤，它們需要的光照比單色品種還要多。

Ficus elastica 'tineke'

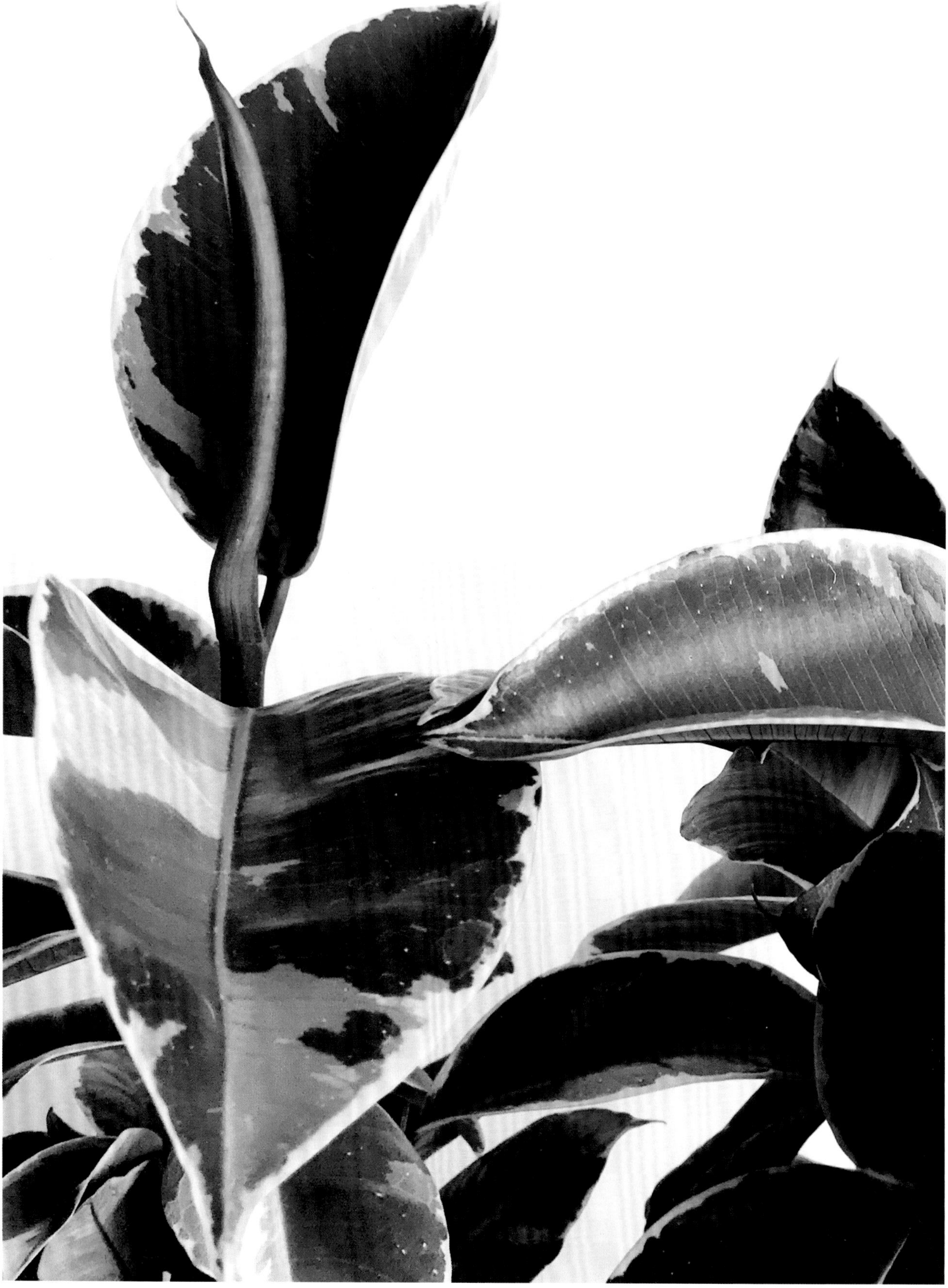

黑葉印度橡膠樹
（*Ficus elastica* 'burgundy'）

Ficus lyrata

俗名 **琴葉榕** FIDDLE-LEAF FIG

琴葉榕擁有婀娜多姿的琴狀葉片，
在室內設計雜誌相當常見，
它所帶來的復古風目前依然沒有退流行的跡象。

難易度
綠手指

光線需求
半日照

澆水
中頻率

栽培介質
排水性強

濕度
中濕度 - 高濕度

繁殖
枝插法

生長型態
直立型

擺放位置
地板

毒性
有毒

　　無論是枝繁葉茂還是頂著葉叢的單一枝幹，琴葉榕都能為任何空間提升質感。有許多天真的植物父母會對琴葉榕一見鍾情，開開心心地買回家才發現它生性驕縱難搞，如果想要保持它的美貌，真的要耗費不少心思，不過它雖然要求很多，但成果確實值得。

　　琴葉榕對於光照較為講究，散射光是最好的，直射光很容易就會造成珍貴的葉子曬傷，澆水方面，每週將土澆透一次即可，記住要等到表層 5 公分（2 吋）的土乾了才能再澆水。琴葉榕偏好高濕度環境，暖氣和冷氣的風對它傷害極大，會變得容易受到紅蜘蛛等害蟲的侵擾。

　　記得定期清理葉面的灰塵、噴灑環保油，這樣不但能有效驅蟲，還可以讓葉子閃亮有光澤。琴葉榕會往光源長，所以要時不時把盆器轉個方向，免得越長越歪。

　　等到在明亮處安頓下來又受到妥善照顧，琴葉榕就會扶搖直上，所以記得要為它留點空間。

Ficus petiolaris

俗名 **紅脈榕 ROCK FIG**

紅脈榕有著肥大莖幹和帶有粉紅葉脈的綠葉，格外獨特。

難易度
新手

光線需求
半日照

澆水
中頻率

栽培介質
排水性強

濕度
中濕度

繁殖
枝插法

生長型態
直立型

擺放位置
地板

毒性
有毒

紅脈榕為墨西哥特有種，長在岩石地上，根會為了尋找土壤而四處穿梭。

別名為腫莖植物或壺形植物，紅脈榕的莖幹是用來貯存養分跟水的，因此可以在缺乏養分來源、容易發生乾旱的環境生存。由於它比其他植物更耐旱，建議等到表層5公分（2吋）的土乾了再澆水，它在幼年期就會長出標誌性的碩大塊莖，所以也是很熱門的盆景植物。

充滿性格的紅脈榕堪稱是最適合懶人的室內植物，只要使用排水性佳的介質和給予它充足的散射光，它就能頭好壯壯。雖然不管什麼大小都很可愛，如果你希望它長大一點，記得要給它生長的空間，在春夏季定期施肥就行了。

爵床科／ACANTHACEAE

網紋草屬 Fittonia

　　網紋草屬（*Fittonia*）原產於南美洲的熱帶雨林，呈匍匐蔓生狀，不管是葉片還是植株都很小巧，最高頂多只能長到 15 公分（6 吋）高，所以非常適合小坪數空間。

　　網紋草屬植物的葉子有黃有綠有紅，配上白色、紅色或粉紅色的葉脈，如同彩虹般七彩繽紛。該屬只包含三種植物，其中葉子最大的大網紋草（*Fittonia gigantea*）葉片顏色通常較為普通，而紅網紋草（*Fittonia verschaffeltii*）的葉子則更為醒目。

難易度
新手

光線需求
半日照

澆水
中頻率

栽培介質
排水性強

濕度
中濕度

繁殖
枝插法

生長型態
叢生型

擺放位置
桌面

毒性
寵物友善

Fittonia albivenis

俗名 **網紋草** NERVE PLANT

　　網紋草屬僅包含3種植物，網紋草就是其中之一，雖然植株矮小，但色彩鮮明的葉子仍讓人愛不釋手。網紋草的葉脈一般是白色的，有時還會是粉紅色或是紅色，與綠葉形成對比，不管是從色澤還是紋理來看，都能為你現有的收藏生色。原產於玻利維亞、巴西、哥倫比亞、厄瓜多和秘魯的雨林，網紋草在野外會匍匐生長，在室內的話，只要適時修剪就會呈叢生狀，若想要綠意滿盈，也可以任由它蔓生。

　　如同白鶴芋，要是水澆得不夠多，網紋草的葉子馬上就會垂下來，不過與其等到它抗議了才亡羊補牢，倒不如養成良好習慣，一旦表層2公分（3/4吋）的土乾了就澆水，底盤若有積水也要清掉。網紋草偏好無直射日光的明亮處，但也可以接受低光環境，就算光源只有日光燈也能存活。由於它不需要過多養分，每個月用劑量減半的液肥施肥一次即可。

　　網紋草個頭小又偏好有一定濕度的環境，因此很適合種在玻璃生態瓶裡，它的花小到沒什麼存在感，葉子反而才具觀賞價值，所以苗農會將花莖剪掉，這樣養分才不會浪費掉。整體來說，網紋草相當好養，絕對可以讓你的室內綠洲更加奪目。

旅人蕉科／STRELITZIACEAE

天堂鳥屬 Strelitzia

　　天堂鳥屬大名鼎鼎，卻只包含 5 種植物，它們會開出明豔動人的花朵，因此名稱大多取自於羽色同樣鮮豔的天堂鳥或冠鶴，原產於亞熱帶的南非，該屬不但出現在南非 50 分硬幣背面，更是洛杉磯的市花。

　　天堂鳥屬的拉丁名是取自位在德國北部的梅克倫堡施特雷利茨大公國（Mecklenburg-Strelitz），也就是英王喬治三世（King George III）的王妃夏綠蒂皇后（Queen Charlotte）的出生地。夏綠蒂皇后對植物學頗有研究，她的贊助協助擴大了倫敦皇家植物園邱園的館藏，為了向她致敬，該屬才以她的娘家命名。

　　天堂鳥屬的植物繁殖靠的不是昆蟲授粉，而是鳥類，它們演化出細長的花瓣，小鳥一站上去就會展開，令花粉撒落在牠們的羽毛上，達成傳粉的目的，實屬大自然的奧妙。

Strelitzia nicolai

俗名 **白花天堂鳥 GIANT WHITE BIRD OF PARADISE**

白花天堂鳥是該屬中最高大的植物，在理想狀況下，
在戶外能長到高達10公尺（33呎）高，在室內依然會長到一定的高度，
但一般不會超過2公尺（約6呎）。

難易度
新手
光線需求
半日照
澆水
中頻率 - 高頻率
栽培介質
排水性強
濕度
低濕度
繁殖
側芽
分株法
生長型態
叢生型
擺放位置
有遮蔽的陽台
毒性
毒性一般

白花天堂鳥的灰綠葉片碩大呈革質，一到成熟期，炭灰色的佛焰苞就會開出擁有藍色花瓣和白色花萼的美麗花朵，可惜的是如果是養在室內，要是沒有全天候處在直射日光之下就不太可能開花。它光是要長出巨大的葉子就需要很多營養，所以使用的土壤一定要養分充足，到了生長期，可以每兩週就用液肥施肥一次，如果想要更進一步，還能在表土上加摻有緩釋肥的土，要特別注意的是這種方法只適用於打算一年都不換土、但優質表土不足的情況。

白花天堂鳥偏好溫暖、濕度中等偏低的環境，所以一般室內正合適。在給水方面，澆水要澆透，多到從底部的排水孔冒出來，在春夏季，等表面2~5公分（3/4~2吋）的土乾了再澆水，冬天的次數就不用這麼頻繁。如果你力氣夠大，不介意時常移動笨重的盆栽，那可以在雨天的時候把白花天堂鳥拿出去淋雨，因為比起自來水，它比較偏好蒸餾水。

記得要適時沖洗或用濕布擦拭葉片，白花天堂鳥的葉子很容易裂開，所以動作一定要輕柔，不過要是真的開裂，不用害怕，這是很自然的，對植物的健康不會有影響。建議可以噴灑環保油，讓葉子長保光澤又達到驅蟲功效，不過在曬太陽前一定要擦乾淨。

Strelitzia reginae

俗名 **天堂鳥** BIRD OF PARADISE

養護簡單的天堂鳥有著巨大筆挺的灰綠色槳狀葉片，
其橘紅與紫藍色交織的花朵正是它名稱的由來。

難易度
新手

光線需求
半日照

澆水
中頻率

栽培介質
排水性強

濕度
低濕度

繁殖
分株法

生長型態
叢生型

擺放位置
地板
有遮蔽的陽台

毒性
毒性一般

天堂鳥於 1773 年引入英國，1788 年被皇家植物園邱園的植物學家約瑟夫·班克斯爵士（Joseph Banks）正式記錄下來，從此以後成了大受歡迎、室內外都合適的植物，不僅是加州常見的街景，更是風靡全球的室內植栽。

天堂鳥較為耐旱，因此你就算稍微疏於照顧也沒關係，但盡量還是養成定期澆水的習慣，夏季時等表層 5 公分（2 吋）的土乾了就再澆透，冬季可以少澆一點，它沒辦法忍受根系泡在水裡，所以澆完水請記得把積水倒掉，春夏季時可以每三週就用劑量減半的液肥施肥。

雖然天堂鳥在室內不太可能開花，但只要有足夠的直射日光，奇蹟就有可能發生，就算沒有開花也不用氣餒，不管是放在客廳或有遮蔽的陽台，光是它的葉子就會是眾所矚目的焦點，尤其到了成熟期更是如此。不管怎樣，天堂鳥多少都需要一點直射日光，早上柔和的光線是最合適的。

如果希望天堂鳥保持美觀，記得時時剪除枯萎的花葉和用濕布擦拭葉面，它表面上看起來長得不是很快，根系卻一下就能長得又粗又壯，還有可能會穿破盆器（綠巨人浩克，你算哪根蔥！），所以最好在初春就換盆，等到了生長期就有空間可以伸展。為了避免犧牲太多陶瓷花盆，我們會建議你將天堂鳥種在塑膠花盆裡，放置在較大的裝飾盆中。

秋海棠科／BEGONIACEAE

秋海棠屬 Begonia

　　秋海棠屬取名自 17 世紀的法國博物學家兼植物收藏家米歇爾・貝恩（Michel Bégon），包含形形色色的品種，以花香美葉聞名。該屬的葉子無論是形狀、質感、葉緣或色澤都變化多端，有些帶有如同蝸牛殼的螺旋紋，有些則滿是色彩鮮明的花紋，或是觸感如同天鵝絨一樣柔軟；花朵也是同樣多變，有呈總狀花序的花朵，有的則像玫瑰般花團錦簇。

　　秋海棠屬的分類相當複雜繁瑣，但基本上可以分成五大類：根莖型（rhizomatous）、竹莖型（cane-stem）、球根型（tuberous）、鬚根直立莖型（wax）和觀葉型（rex），鬚根直立莖型秋海棠是源自四季秋海棠（*Begonia cucullata*）的雜交種；觀葉型秋海棠則是根莖型秋海棠的亞群，為源自印度品種大葉秋海棠（*Begonia rex*）的雜交種，撇開這些不談，秋海棠屬嫵媚動人，養護容易，種類又繁多，快一起來認識這不可多得的好室友吧。

標本：*Begonia maculata*

Begonia bowerae

俗名 **虎斑秋海棠** EYELASH BEGONIA

虎斑秋海棠是根莖型秋海棠的一種，葉子極具辨識度，
葉面為碧綠色，邊緣和葉脈則有深色斑塊，
葉緣長滿了突出的白毛，因此又稱為「睫毛秋海棠」。

難易度
綠手指

光線需求
半日照

澆水
中頻率

栽培介質
排水性強

濕度
高濕度

繁殖
葉插法
分株法

生長型態
叢生型

擺放位置
桌面

毒性
有毒

　　如果虎斑秋海棠俏麗的葉子還滿足不了你，那只要給它充足的散射光，等到初春，細長的粉紅花莖就會開出狀似貝殼的白色或淺粉紅小花，從葉叢中探出頭來。

　　虎斑秋海棠原產於墨西哥，生長在熱帶雨林的林地上，植株矮小，最高不超過 25 公分（10 吋）。它偏好潮濕環境，為了提高濕度，可以將它跟其他盆栽擺在一起或放在裝有碎石的蓄水盤上，盡量不要朝它噴水或把葉片弄濕，免得感染白粉病。

　　根莖型秋海棠的根系淺，因此最好使用排水性佳的介質，種在淺盆中，擺放位置則以通風的明亮處為主，如果想讓擺在桌上當裝飾的秋海棠長得更茂密，可以在天氣暖和的時候打頂摘心，剪去外圍的側枝。

　　虎斑秋海棠的栽培品種和雜交種葉色斑斕、生長快速，如今已在室內植物界保有一席之地，其中一種相當知名的栽培品種就是 1977 年培育出來的虎爪秋海棠（*Begonia bowerae* × 'tiger paws'），它迷你的褐色葉子以黃色塊斑點綴，確實與虎爪十分相似（請見左圖）。

Begonia brevirimosa

俗名 **異色秋海棠** EXOTIC BEGONIA

某些植物天生就卓爾不群，
異色秋海棠有著帶有金屬光澤的深綠葉片，配上鮮明的粉色花紋，
絕對讓人看得目不轉睛。

難易度
綠手指
光線需求
半日照
澆水
中頻率 - 高頻率
栽培介質
排水性強
濕度
高濕度
繁殖
葉插法
分株法
生長型態
叢生型
擺放位置
桌面
毒性
有毒

只要身處溫暖潮濕的明亮環境，異色秋海棠葉子的粉紅花紋就會越變越深，要是光照不足、溫度太低的話就容易褪色。它終年都會開出漂亮的粉紅花朵，但如果你養在室內的異色秋海棠沒有開花的話也不必失望，因為光是葉色就值回票價了。

異色秋海棠原產於新幾內亞熱帶雨林的林地，看起來像培育出來的雜交種，但事實上卻是自然生成的品種，這種植物呈叢生狀，只要照顧得當，就能成為為你帶來好心情的盆栽。

為了達到它對濕度的要求，你可以把它跟其他需要高濕度環境的植物擺在一起，要是求好心切，也可以購入一台加濕器。考慮到它講求濕度的特性，也非常適合種在玻璃生態瓶和溫室裡。

給水方面，土壤記得要保持濕潤，表層的土一乾掉就要澆水，要是澆水不夠，枝葉馬上就會低垂，請盡量避免發生這種情況。異色秋海棠照顧起來或許比別種植物還要費力，但這等美貌確實值得。

Begonia maculata

俗名 **銀點秋海棠** POLKA DOT BEGONIA

雖然許多室內植物都很上相，秋海棠屬更是如此，
但銀點秋海棠肯定豔冠群芳。

難易度
新手

光線需求
半日照

澆水
中頻率

栽培介質
排水性強

濕度
中濕度

繁殖
葉插法
分株法

生長型態
直立型

擺放位置
桌面

毒性
有毒

銀點秋海棠的巨大葉片狀似天使的翅膀，葉面長滿銀點，葉背則為深紫紅色，非常引人注目。

銀點秋海棠為竹莖型秋海棠的一種，因為擁有粗壯竹莖，所以長得還算筆挺，不過翅膀狀的葉子微彎，因此無論是使用吊盆或是擺在桌上當裝飾都很合適。銀點秋海棠不僅美觀，生命力又很頑強，特別適合居家環境，對於光線和給水的要求都不高，不管是哪種等級的室內植物迷都養得活。它偏好無直射光線的明亮處，也可以忍受低光環境，但要記得光線不足會影響到斑葉標誌性的色澤，對於左圖的星點秋海棠（*Begonia maculata* 'wightii'）來說更是如此，日照不夠的話葉背的紅色會變淡，葉子也會變軟；午後陽光直曬過度則會造成葉子乾枯焦掉，所以記得避開強烈日照。

在春夏季，盆土要保持濕潤，等到表層 2~5 公分（3/4~2 吋）的土乾了再澆水，銀點秋海棠冬天不會休眠，但生長速度會趨緩，需要的水分也會減少，所以記得天氣變冷後要少澆點水。

Begonia mazae

<u>俗名</u> 「MAZAE」秋海棠

不要被它的尺寸騙了，「Mazae」秋海棠雖然矮小，
但能為你的收藏帶來大大的變化。

<u>難易度</u>
綠手指

<u>光線需求</u>
半日照

<u>澆水</u>
中頻率

<u>栽培介質</u>
排水性強

<u>濕度</u>
中濕度 - 高濕度

<u>繁殖</u>
葉插法
分株法

<u>生長型態</u>
懸垂型

<u>擺放位置</u>
書架或層架

<u>毒性</u>
有毒

　　「Mazae」秋海棠帶有黑色紋路的深綠葉片呈水滴狀，性格十足，在理想狀況下，葉子還會有天鵝絨般的光澤，看起來更加雍容華貴。

　　它笨重的葉子會讓細長的莖部彎曲，令整體植株低垂，因此被分類為攀緣植物，就這點來看，它比較適合放在高處，例如書架或是使用吊盆，若有需要也可以打頂摘心，這樣植物會越長越茂密，更棒的是在春夏季，會長出一簇簇的粉紅小花，與深色葉子形成美麗的對比。

　　「Mazae」秋海棠需要濕潤的土壤，排水性也要好，環境記得要保持一定的濕度，但不能直接對葉子噴水，最好是放置在通風良好、沒有直射光線的明亮處。

Begonia peltata

俗名 **盾葉秋海棠** FUZZY LEAF BEGONIA

盾葉秋海棠標誌性的銀灰葉子觸感有如毛氈，
因此又被稱為「綿毛秋海棠」。

難易度
綠手指

光線需求
半日照

澆水
中頻率 - 高頻率

栽培介質
排水性強

濕度
中濕度

繁殖
葉插法
分株法

生長型態
叢生型

擺放位置
桌面

毒性
有毒

　　盾葉秋海棠的盾形葉片長滿了柔軟短毛，如同其他葉片毛茸茸的植物，這其實是特化的表皮細胞，作為抵擋昆蟲、避免水分流失之用。而在冬末到初春，它會長出成簇的白色花朵。

　　只要照顧得當，盾葉秋海棠在室內也可以枝葉繁茂，它偏好溫暖潮濕的環境，為了阻絕濕度一高就容易出現的病蟲害，良好通風也很重要。它比其他秋海棠還更耐旱，不過還是建議使用排水性佳的介質，等到土乾了再澆水即可。每個月使用劑量減半的液肥施肥一至兩次可以促進生長，讓你的秋海棠茂盛又漂亮，到時候肯定會美得讓你愛不釋手。

Begonia rex

俗名 大葉秋海棠 PAINTED LEAF BEGONIA

大葉秋海棠的別名是「大王秋海棠」和「蝦蟆秋海棠」，
被美國秋海棠協會譽為「秋海棠界的超模」，
以色彩繽紛的葉子為賣點。

難易度
綠手指

光線需求
半日照

澆水
高濕度

栽培介質
保水性強

濕度
高濕度

繁殖
葉插法
分株法

生長型態
叢生型

擺放位置
桌面

毒性
有毒

「Rex」在拉丁文中是「王」的意思，對於這種擁有豔麗碩大葉子的植物來說實至名歸，它的葉片呈不對稱心形，葉色多變，有粉紅、紫色、綠色、褐色、紅色，甚至是銀色，花朵雖然相形失色，但葉子如此亮麗，也足以彌補美中不足之處。

觀葉型秋海棠有數百種栽培品種和雜交種，全都能追溯到野生的大葉秋海棠，它們雖然在室內也可以活得很好，卻很討厭住家中容易導致葉緣焦化和掉葉的乾燥空氣，因此對有些人來說不太好照顧，但只要受到細心呵護，蓬勃生長也不是難事。

大葉秋海棠偏好潮濕環境，養分充足、通風但保水性佳的介質最為合適，因為這跟印度東北部、中國南部、越南和加拉巴哥群島等原產地的林地土壤最相似。高濕度環境必不可少，但切記不要朝葉子噴水，免得感染白粉病，你可以試著將它與其他對濕度有同樣要求的植物放在一起或是放在加有碎石的蓄水盤上。值得一提的是許多栽培品種在冬天都會休眠，葉子自然而然會黃化掉落，即便此時看起來不太美觀，等到天氣回暖、日照變長的時候，它就會長出新芽，東山再起。

彩葉芋屬 Caladium

彩葉芋屬為天南星科之下的一屬，包含許多開花植物，又稱「耶穌之心」、「天使之翼」和「象耳」（相近的海芋屬、芋屬〔*Colocasia*〕和千年芋屬〔*Xanthosoma*〕也共用該別名）。該屬的心形和箭頭狀葉子色彩紋理多變，有諸多種類都作為裝飾用的室內盆栽大量栽培販售，其中產量最高的就是廣葉型（fancy-leaved）和狹葉型（lance-leaved）。

彩葉芋屬植物的葉子綠中帶白、粉紅或紅，原產於中南美洲，也被引進印度和非洲多國，在野外，它們可以長到 60~90 公分（2~3 呎）高，葉子則能長到 45 公分（18 吋）長，不過栽培出來的變種通常都比較小巧。彩葉芋屬植物由塊莖生成，可以利用分株法繁殖。

Caladium bicolor

俗名 **彩葉芋** FANCY LEAF CALADIUM

色彩富麗的彩葉芋原產於南美洲的熱帶雨林，
在溫暖多雨的季節會長出漂亮的新葉。

難易度
綠手指

光線需求
半日照

澆水
高頻率

栽培介質
排水性強

濕度
高濕度

繁殖
分株法

生長型態
叢生型

擺放位置
桌面

毒性
有毒

　　所有的彩葉芋屬植物都是多年生球根植物，冬天會休眠，等到生長期才會甦醒，所以在春夏季要把握時間欣賞它們的千嬌百態，秋冬季時就讓它們好好睡美容覺，隨著天氣變冷，葉子會變得乾枯掉落，可以順手拿鋒利的修枝剪從葉柄的末端將它們剪下來。

　　在過於乾燥的住家中，營造高濕度環境對彩葉芋來說是存亡的關鍵，如果不能每天，至少也要定期噴水，另外可以把盆栽放在裝有碎石的蓄水盆上，讓蒸發的水氣為植物提供所需的濕度，同時選用排水性佳的介質，在生長期間要保持濕潤，表土一乾掉就要澆水，如果發現植物開始掉葉，那澆水的頻率馬上就要降低。

　　彩葉芋有超過 1000 種栽培品種，右圖就是「*C. bicolor* 'red belly'」，葉子亮綠帶紅。

Caladium lindenii

俗名 乳脈彩葉芋 WHITE VEIN ARROW LEAF

乳脈彩葉芋原產於哥倫比亞，葉色高雅、清新脫俗，
巨大的葉片輕薄成革質，狀似箭頭，
黃綠葉面與粗大的白色葉脈對比鮮明。

難易度
綠手指

光線需求
半日照

澆水
高頻率

栽培介質
排水性強

濕度
高濕度

繁殖
分株法

生長型態
叢生型

擺放位置
桌面

毒性
有毒

乳脈彩葉芋有時會被標成「乳脈千年芋」（*Xanthosoma lindenii*），不過它早在 1980 年代初就已經被重新分類了，看來積習難改。

只要環境溫暖、有散射光和高濕度環境，這種草本植物就能長得茂密，最高可達 60~90 公分（2~3 呎），一個月使用劑量減半的液肥施肥一次可以促進生長，定期朝葉子噴水也有益無害。建議使用養分充足、排水性佳的介質，同時保持土壤濕潤，把一般使用的培養土加上一些椰纖就綽綽有餘了。

稍有差池的話，乳脈彩葉芋的反應會很大，尤其是當澆水過多的時候，不過要是水分不足，葉子也會垂頭喪氣，所以要拿捏好平衡。在氣候較冷的地區，它在冬天的生長速度會減緩，而在極寒地區則會完全休眠，在這樣的情況下，你幾乎不用澆水，等到天氣回暖，植物有些動靜時再給水即可。

因為球根的關係，想繁殖乳脈彩葉芋非常簡單，只要分株就行了，只是在處理的時候要小心，這種植物有毒，可能會導致皮膚過敏，所以也要遠離好奇心旺盛的寵物和孩童。

粗肋草屬 Aglaonema

粗肋草屬（*Aglaonema*）又名「萬年青」，是天南星科下的一屬，這些開花植物長久以來在亞洲被視為有招財開運的功效，只包含大約 25 種植物，而經過培育雜交，誕生了數百種的變種，葉片色澤紋理千變萬化。粗肋草屬植物在市面上通常以栽培品種名為人熟知，真正的學名反而不常見，所以辨識起來相當困難，不過努力是會有回報的，它們帶紅、粉紅、銀白、青綠和淡黃的斑駁葉片可說是衝突美學的最佳典範。

粗肋草屬原產於亞洲的熱帶與亞熱帶地區，會成為熱門的室內植物不僅是因為美觀，更是因為養護容易、具有淨化空氣的功效和能應付低光環境，某些葉色更深的變種甚至能只靠人造光源就在太空存活。

難易度
新手

光線需求
明亮無日照

澆水
中頻率

栽培介質
排水性強

濕度
中濕度

繁殖
枝插法

生長型態
懸垂型
叢生型

擺放位置
桌面

毒性
有毒

Aglaonema 'stripes'

俗名 **斑馬粗肋草** CHINESE EVERGREEN

　　斑馬粗肋草的墨綠色葉片帶有銀白細紋，迷人又好養，可說是好上加好。如同所有的粗肋草類，它能忍受低光環境，光靠穩定的日光燈照明就能生長，因此成為陽光不足的辦公室首選，但久了可能會枝條徒長，最理想的位置還是無直射光線的明亮處。

　　斑馬粗肋草枝葉茂密時最好看，建議可以在春季生長期時剪下植株頂部的莖段，插入水中讓它發根再種回原盆，久了就會越來越茂盛，比起休眠的芽，扦插的枝條反而更容易發芽。

　　來自熱帶的斑馬粗肋草偏好溫暖環境，但只要空氣保持乾燥、位置不受風吹雨打，它也能忍受較低的氣溫。如果想要延長它的壽命，你也可以把花莖剪掉，讓植株把養分集中在葉子，而不是微不足道的花朵上。想剪除花朵的話，只要等到花莖發黃變軟就可以輕鬆去除了。

標本：*Anthurium veitchii*

天南星科／ARACEAE

花燭屬 Anthurium

花燭屬是天南星科下最大的一個屬，包含大約
1000 種開花植物，原產於南美洲、墨西哥和加勒
比海群島的新熱帶。花燭屬植物能充分適應室內環
境，而在溫暖有遮蔽的戶外，它們則是會攀附在樹
木上生長。該屬的特點就是有由苞片特化形成的佛
焰苞，中間則是長條的肉穗花序，長滿單性小花。

花燭屬堪稱最具多樣性的一屬，以變幻莫
測聞名，就算是同一種植物，外觀也可能有所
差異，從葉子有如龜殼的水晶花燭（*Anthurium
crystallinum*）到擁有超細長葉片的飄帶花燭
（*Anthurium vittarifolium*），變化不可勝數，不只
獨樹一幟，更是一大視覺享受。

Anthurium polydactylum

俗名 **多指花燭** POLYDACTYLUM ANTHURIUM

多指花燭以灰綠色澤和掌狀葉出名，是世界各地花燭迷爭相收藏的逸品，它比常見的室內植物還要難照顧，但我們敢保證成果絕對值得。

難易度
綠手指

光線需求
半日照

澆水
中頻率

栽培介質
排水性強

濕度
高濕度

繁殖
分株法

生長型態
攀緣型

擺放位置
桌面

毒性
有毒

多指花燭的外觀與學名和大麻葉花燭（*Anthurium polyschistum*）十分相似，因此很容易混淆，多指花燭的小葉如手指般細長，葉緣平滑，就葉子的大小和莖部長度來說，都比大麻葉花燭大上很多，它也很常被拿來與更為常見的鵝掌柴屬（*Schefflera*）做比較，所以如果你買不到這個稀有的品種，鵝掌柴屬植物也不失為一個好選擇。多指

花燭原產於玻利維亞、哥倫比亞和秘魯，從低海拔沼澤的地面到高海拔安地斯山脈的樹木上都可以見到它的蹤影。

它偏好無直射光線的明亮處，澆水方面，土壤要保持濕潤，但不能積水，高濕度環境有助植株生長，所以記得定期噴水，一旦脫離幼年期，一定要使用攀爬棒來協助它向上攀附。

Anthurium balaoanum

這個品種來自厄瓜多，生長快速，薄如紙的波浪狀葉子俏麗可人，等到成熟期更是丰姿綽約。種在室內的話，這攀緣型植物需要立柱固定，也需要一定濕度才能長得好。

火鶴花（*Anthurium andraeanum*）

Anthurium scandens

俗名 **珍珠花燭** PEARL LACELEAF

珍珠花燭是蔓性附生植物，莖部肥厚、葉片富光澤，
名稱取自於其如同珍珠的白色或淡紫色果實。

難易度
新手

光線需求
半日照

澆水
中頻率 - 高頻率

栽培介質
排水性強

濕度
中濕度

繁殖
分株法

生長型態
攀緣型

擺放位置
桌面

毒性
有毒

　　珍珠花燭原產於中南美洲，不受海拔高度影響，在野外隨處可見，但基本上都集中在潮濕的熱帶，所以為了營造類似原產地的環境，記得一定要定期噴水。由於珍珠花燭是附生植物的一種，可以使用方便根系附著的蘭花專用介質種植，另外它偏好無直射光線的明亮處，切記不要直曬太陽。

　　市面上販售的花燭屬植物大多都是靠組織培養苗繁殖的，在家中的話只需要分株或採枝插法就可以了，所有花燭屬植物對寵物都是有害的，而珍珠花燭更可能造成皮膚發癢和眼睛不適，所以在處理這防備心重的植物時要特別小心。

　　等珍珠花燭長到一定大小就必須立柱固定，到時候就可以擺在桌上當裝飾，欣賞可愛的成串珍珠，但要記得只可遠觀不可褻玩焉喔。

Anthurium veitchii

俗名 **國王花燭** KING ANTHURIUM

國王萬歲萬萬歲！國王花燭原產於哥倫比亞雨林，巨無霸的葉子呈波浪狀又富光澤，可以長到超過I公尺（3呎3吋）長，確實威震天下。

難易度
綠手指

光線需求
半日照

澆水
中頻率

栽培介質
排水性強
保水性強

濕度
高濕度

繁殖
枝插法

生長型態
攀緣型

擺放位置
書架或層架

毒性
有毒

國王花燭的葉子確實令人嘆為觀止，大片葉面在陽光的照射下如同盾牌，而莖部低垂的樣子又好似隨風飄揚的旗幟。它的葉子在幼年期較為脆弱，但隨著年紀增長就會越來越強韌，需要留意的是國王陛下不喜歡強烈日照，所以請避開直射陽光。

國王花燭偏好排水性佳但偏濕的土壤，建議可以使用蘭花專用介質種植，在較溫暖的春夏季，土壤必須要保持濕潤，不過到冬季就可以少澆點水。施肥方面，在春夏季每個月可以用劑量減半的液肥施肥一兩次，建議常備優質肥料，盡量不要使用緩釋肥，免得長時間下來鹽分濃度過高，傷及根系。

國王花燭喜歡潮濕環境，所以記得每天都要噴水或把盆栽放在加了碎石的蓄水盆上，它對冷空氣特別敏感，因此在冬天要多加留意，避開暖氣和冷氣的出風口。國王花燭在野外會附生在樹幹的裂縫中，任由枝葉垂掛，所以層架或花架是最適合展示它龍顏的位置。

Anthurium vittarifolium

俗名 **飄帶花燭** STRAP LEAF ANTHURIUM

飄帶花燭的葉子狀似長劍，從中心向外生長垂掛。

難易度
新手

光線需求
半日照

澆水
中頻率 - 高頻率

栽培介質
保水性強

濕度
高濕度

繁殖
分株法

生長型態
懸垂型

擺放位置
書架或層架

毒性
有毒

　　在野外，飄帶花燭的葉子可以長到 2.5 公尺（8 呎）長，成熟植株的外觀獨特，絕對能為你的室內綠洲增色，而開花後，小巧的花序就會結出亮粉紅或紫色的果實，更是畫龍點睛。

　　原產於哥倫比亞的叢林，飄帶花燭是討厭直射日光的半附生植物，所以最好把它放在只有散射光的明亮處，介質方面建議添加泥炭蘚，提升土壤的保水性，發現表土一乾掉就要澆水，頻率大概是一週一次，但還是用手指碰碰土壤判斷一下比較準確，另外記得定期噴水，把它放在溫暖的位置，避開冷空氣。

　　如果你是擁有飄帶花燭的幸運父母，要記得用吊盆或是把它放在花架高處，才能充分展現它高調的美。

Anthurium warocqueanum

俗名 **長葉花燭** QUEEN ANTHURIUM

長葉花燭深受世界各地的植物迷喜愛，
其巨型狹葉上的銀白葉脈會隨著時間變得更加鮮明，
和充滿質感的天鵝絨葉面形成對比。

難易度
綠手指

光線需求
半日照

澆水
中頻率 - 高頻率

栽培介質
排水性強

濕度
高濕度

繁殖
分株法

生長型態
攀緣型

擺放位置
書架或層架

毒性
有毒

長葉花燭的葉子在室內可以長到 90 公分（3 呎）長，在野外則可以長達 2 公尺（6 呎 6 吋），種植這種植物的苗農表示它栽種起來的變數極大，因此許多栽培品種不過就是原種類的自然變異罷了。

長葉花燭偏好濕潤但不過濕的土壤，建議可以選用蘭花專用介質並用水苔包覆主幹底部，營造原生地的生長環境。在天氣較暖的春夏季每個月可以使用劑量減半的肥料施肥，以促進生長。

長葉花燭的別名是「皇后花燭」，所以絕對不能怠慢它，建議將它製成板植或是在花架或層架上為它騰出專屬空間。

薯蕷科／DIOSCOREACEAE

薯蕷屬 Dioscorea

薯蕷屬（*Dioscorea*）取名自古希臘醫生暨植物學家迪奧科里斯（Dioscorides），為薯蕷科下的一屬，包含超過 600 種開花植物，大多為有塊莖的木質藤本植物，可以長到 2~12 公尺（6 呎 6 吋 ~40 呎）高。原產於世界各地的熱帶和溫帶地區，該屬植物的葉子通常是心形的，為互生葉序。

薯蕷屬當中有諸多種類統稱為山藥，是極具價值的作物，其可食用的塊莖在南美洲、亞洲、非洲和大洋洲等熱帶地區是很重要的糧食來源，雖然生食有毒，但只要適當料理就安全無虞。在醫藥學上，許多薯蕷屬植物含有的有毒類固醇皂素可以被轉化成類固醇荷爾蒙，另外也有不少薯蕷屬，包含象足龜甲龍（*Dioscorea sylvatica*，請見 182 頁）和異色山藥（Dioscorea dodecaneura，請見 181 頁），都很適合當作室內盆栽。

Dioscorea dodecaneura

俗名 **異色山藥** ORNAMENTAL YAM

原產於厄瓜多和巴西的異色山藥是相當稀有的蔓性植物，
心形葉片上有著雅致獨特的塊斑。

難易度
綠手指

光線需求
半日照
全日照

澆水
中頻率 - 高頻率

栽培介質
排水性強

濕度
中濕度

繁殖
分株法

生長型態
攀緣型
懸垂型

擺放位置
書架或層架

毒性
寵物友善

異色山藥的深綠葉子會隨著進入成熟期越變越大，葉片有著不規則的褐紅和黑色塊斑，與銀白葉脈交錯，葉背則是飽和的紫紅色，堪稱是會呼吸的藝術品。

奇妙的是異色山藥的枝蔓是以逆時針方向纏繞而上的，這樣就算莖藤再細長也能向上攀爬，除了絕美葉子，它還會開出低垂呈穗狀的白色小花，香氣芬芳。雖然種在室內不太可能開花，但光是陸離斑駁的葉色就夠讓人沉醉了。

異色山藥需要大量日照，不管是早晨溫和的直射光或是下午的陽光，至少都要照上 4 個小時才行，它也可以接受明亮的散射光。給水方面，身為熱帶植物的它需要充足水分，在春夏季，只要表層 5 公分（2 吋）的土乾了就要澆水，不過到了冬天，隨著氣溫下降，它有可能會休眠，葉子也會紛紛掉落，要是遇到這種情況，請降低澆水頻率，土全乾了再澆即可，等到春天植株開始萌芽就能恢復原本的頻率。

Dioscorea sylvatica

俗名 **象足龜甲龍** ELEPHANT'S FOOT YAM

象足龜甲龍為纖細脆弱的纏繞草本植物，
由表皮如同龜甲般的塊根而生。

難易度
新手

光線需求
半日照

澆水
中頻率

栽培介質
砂質粗石

濕度
低濕度

繁殖
枝插法

生長型態
攀緣型

擺放位置
書架或層架

毒性
有毒

　　象足龜甲龍是很適合新手的攀緣植物，枝蔓一季能長到 4~5 公尺（13~16 呎）長，建議可以在盆器中設置金屬支架讓它纏繞攀爬，做出與眾不同的造型。

　　它原產於尚比亞、莫三比克、辛巴威、史瓦帝尼王國（原史瓦濟蘭王國）和南非，生長速度緩慢，在各地潮濕的林地都可以見到，可惜的是因為過度開發的關係，野外品種數量大幅減少，如今已是瀕臨絕種的植物。

　　種在室內的象足龜甲龍如果正值生長期，需要的水量為中等，但到了夏天塊根進入休眠期後水量就可以減少，等到入秋長出新芽再恢復原本的澆水頻率。有時候植物會無視既定的生長週期，就算到了休眠季節可能還是繼續長或是提早萌芽，因此最好還是以植株的狀態來判斷，不要堅持照表操課。想要繁殖的話可以採枝插法或直接播種，請選用排水性佳的播種專用土，將種子埋在 5 公釐（1/4 吋）深處，擺放在無直射光線的溫暖明亮處即可。

菊科／ASTERACEAE

垂頭菊屬 Cremanthodium

　　垂頭菊屬（*Cremanthodium*）為隸屬於菊科的
一屬，包含大約 50 種鮮為人知的開花植物，原產
於尼泊爾、中國和西藏的高山區。在野外，它們偏
好氣溫涼爽的夏季和濕潤的土壤，冬天則不怕下
雪，但要特別留意爛根的情況；如果養在室內，最
好選用養分充足的濕潤介質，放在多少能照到直射
日光的明亮處。

難易度
新手

光線需求
半日照
全日照

澆水
中頻率 - 高頻率

栽培介質
排水性強

濕度
中濕度

繁殖
分株法

生長型態
叢生型

擺放位置
地板

毒性
有毒

Cremanthodium reniforme

俗名 **垂頭菊** TRACTOR SEAT PLANT　異學名 *Ligularia reniformis*

垂頭菊的腎形葉巨大富光澤，紋理分明，無論是放在室內或有遮蔽的陽台都是讓人嘖嘖讚嘆的裝飾，更棒的是它生命力頑強，只要環境溫暖潮濕就能長得很好。

適應力極強的垂頭菊不管是在全日照還是半日照的環境下都能生存，唯一要避免的就是午後直射日光。它呈叢生狀，高度和寬度都可以長到1公尺（3呎3吋），如果是要放在室內，只要種在盆器裡就可以限制在一定的大小內。垂頭菊在冬天會休眠，

所以要是氣溫下降，你發現它沒有在長的話不用緊張；給水方面，在春夏季，排水性佳的土要保持潮濕，等入秋就拉長澆水的間隔。

有趣的是垂頭菊原本歸類於橐吾屬（*Ligularia*）之下（該屬的特色為黃色或橘色花冠配上中央的褐色或黃色管狀花，有如豹紋），學名為「*Ligularia reniformis*」，儘管如今已經不是橐吾屬植物，它在野外還是會開出類似雛菊的橘黃色花朵，在室內的話，開花的機率不高，但光是葉子就夠讓人大飽眼福了。

標本：*Peperomia obtusifolia* 'variegata'

胡椒科／PIPERACEAE

椒草屬 Peperomia

椒草屬在 1794 年由西班牙植物學家伊波利托 · 魯伊斯 · 羅培茲（Hipólito Ruiz López）和何塞 · 安東尼奧 · 帕文（José Antonio Pavón）正式發表，因為性喜溫暖氣候，所以在英文中又有「暖氣植物（radiator plants）」的別稱，該屬含括超過 1500 種植物，為胡椒科下第二大的屬。

椒草屬原產於熱帶和亞熱帶地區，在中美洲和南美洲北部較為常見，部分種類甚至遠至非洲和澳洲。該屬植物的葉色、形狀和質感變化無窮，令人目眩神迷，唯一的共通點就是植株矮小，因此非常適合公寓空間。椒草屬植物養護較為簡單，也不容易有病蟲害，可說是新手入門的好選擇，某些種類比較偏向多肉植物，所以要特別留意生長條件的差異。在野外，它們會生長在雨林林地，附生在朽木上，穗狀花序則會從葉層中穿出。

Peperomia argyreia

俗名 **瓜皮椒草** WATERMELON PEPEROMIA

如同大多椒草屬植物，瓜皮椒草的看點就是葉子，
它肥厚的卵形肉質葉有著銀白紋路，長得就像西瓜皮，
葉柄則為深紅色，想當然是市面上最為熱門的椒草屬植物。

難易度
綠手指

光線需求
半日照

澆水
中頻率

栽培介質
排水性強

濕度
低濕度

繁殖
枝插法
葉插法

生長型態
叢生型

擺放位置
桌面

毒性
寵物友善

　　瓜皮椒草原產於南美洲，一般高度不會超過20公分（8吋），但葉子有時能長到跟手掌一樣大，因為葉子為肉質，所以它不需要太多水，要是土壤太過潮濕，很容易就會爛根，記得等到表層5公分（2吋）的土乾了再澆水就行了，等到了日照變短、氣溫下降的冬天，水可以再澆得少一點。

　　瓜皮椒草不耐寒，因此最好跟其他植物擺在一起並遠離冷風和冷氣出風口。它會開花，但是非常迷你，所以有些苗農會把穗狀花序剪掉，讓養分集中在更為搶眼的葉子上，不管怎樣，等到花謝了就可以摘除，若有枯葉也能一併處理掉。

　　它喜歡無直射光線的明亮處（請避開午後直曬），在春夏季，建議每個月可以用劑量減半的液肥施肥一次。

Peperomia caperata

俗名 **皺葉椒草** EMERALD RIPPLE PEPEROMIA

皺葉椒草原產於巴西雨林，有著紋理分明的肉質心形葉，
這種植物有許多栽培品種，包括「luna red」、
斑葉皺葉椒草（*Peperomia caperata* 'Variegata'）和
左圖的深綠色綠皺椒草（*Peperomia caperata* 'Emerald Ripple'），
植株小巧可愛。

難易度
新手

光線需求
半日照

澆水
低頻率 - 中頻率

栽培介質
排水性強

濕度
低濕度

繁殖
枝插法
葉插法

生長型態
叢生型

擺放位置
桌面

毒性
寵物友善

在照顧皺葉椒草的時候千萬不能澆水過度，尤其是在秋冬季，不然肯定會爛根，葉子枯萎有可能是水太少或是水太多造成的（我們知道很難懂！），如果你發現盆栽有類似的狀況，判斷方法如下：假設是最近才澆過水後枯萎，那就少澆點水；假設已經有一段時間沒澆水了，那大概就是水不夠的問題。

皺葉椒草偏好無直射光線的明亮處，但就算光線不足，它也不介意。由於葉子為肉質，它對濕度的要求並不高，只要偶爾噴點水就足夠了。基本上這類植物的尺寸不會長到需要換盆，反而比較喜歡擠一點的空間，不過在較溫暖的季節需要每兩週就用劑量減半的肥料施肥。

低矮的皺葉椒草很適合種在玻璃生態瓶中，只要日光燈燈源夠穩定，它也能活得很好，所以也是為辦公空間增添綠意的好選擇。

Peperomia obtusifolia

俗名 **圓葉椒草** BABY RUBBER PLANT

原產於加勒比海群島、佛羅里達和墨西哥，
圓葉椒草為直立性灌木，有著油綠的肉質葉片，養護容易，
高度和寬度最多不會超過25公分（10吋），
從春季到秋季都會開出穗狀小白花。

難易度
新手
光線需求
半日照
澆水
低頻率 - 中頻率
栽培介質
排水性強
濕度
中濕度
繁殖
枝插法
葉插法
生長型態
叢生型
擺放位置
桌面
毒性
寵物友善

圓葉椒草有許多栽培品種，包括灰綠、金黃和象牙白交織的白緣椒草（*Peperomia obtusifolia* 'albo-marginata'）和亮白配淺綠的乳斑椒草（*Peperomia obtusifolia* 'variegata'），這些斑葉品種需要的陽光比非斑葉要來得多，不過兩者都偏好充滿散射光的明亮處，早上的陽光較柔和，也可以多少曬一點。

圓葉椒草的根系較淺，並不需要定期換盆，但要換的時候記得盆器尺寸不要一下跳太大，對於椒草屬植物來說，土太多很容易就會積水爛根；給水方面，它需要的水量中等，請確保大半的土都乾了再澆水，冬天時澆水的頻率可以再降低。

建議每個月用劑量減半的液肥施肥，剪除徒長的枝條，這樣才會越長越茂密，你還可以把修剪下來的枝條拿去繁殖，短短的莖段只要留下一片葉子就夠了，在把枝條插進新土前記得要先風乾一天，接下來只要保持環境溫暖，靜待它發根即可。

兔耳椒草（*Peperomia turboensis*）

小巧的兔耳椒草葉形為淚滴狀，葉面深綠，銀白紋路帶有金屬光澤，葉背則為酒紅色。它原產於南美洲的熱帶地區，偏好有濕度的環境，在野外會長在林地上，也會攀附樹木，植株矮小，很適合種在玻璃生態瓶中。

Peperomia polybotrya

俗名 **荷葉椒草 RAINDROP PEPEROMIA**

荷葉椒草的英文名取自其富光澤的雨滴狀綠葉，
是椒草屬中體型數一數二大的種類，
相較之下可以長到30公分（12吋）高。

難易度
新手

光線需求
半日照

澆水
低頻率 - 中頻率

栽培介質
排水性強

濕度
中濕度

繁殖
枝插法
葉插法

生長型態
叢生型

擺放位置
桌面

毒性
寵物友善

荷葉椒草原產於南美洲的熱帶地區，在野外根系並不發達，會附生在樹木上。它的肉質莖部和葉片能貯存水分，所以養在室內的話，所需的水量為中等偏低，可以等到大多土壤都乾了再澆水。

它的迷你花序會開出芬芳的花朵，花期極短，一旦枯萎就可以從末端摘除。因為肉質構造的關係，它也不需要高濕度環境，但最好還是偶爾噴點水，營造接近熱帶原生地的空間，同時要注意通風，葉子跟土壤才不會過濕。

荷葉椒草的生長速度緩慢，但如同大多的椒草屬植物，只要靠枝插法或葉插法就可以繁殖，建議在春季用鋒利的工具連同葉柄剪下一片葉子，風乾 24 小時後把葉柄那端插進盆土中。荷葉椒草不太需要定期換盆，但很容易就會擠成一團（多半是節被埋住或是組織培養苗的關係），久了之後就會越長越寬，從底部穿出新的枝芽，如果想促進生長，在春夏季每個月可以用劑量減半、調配比例平衡的液肥施肥，但秋冬季就先暫停。

Peperomia scandens

俗名 **垂椒草** CUPID PEPEROMIA

垂椒草養護簡單，呈心形的蠟質葉片嬌小玲瓏，保證讓你一見傾心。

難易度
新手

光線需求
半日照

澆水
低頻率 - 中頻率

栽培介質
排水性強

濕度
低濕度

繁殖
枝插法

生長型態
懸垂型

擺放位置
書架或層架

毒性
寵物友善

左圖的斑葉垂椒草（*Peperomia scandens* 'variegata'）葉子中心為淺綠，外圍則是淡黃色，跟色澤較為樸實、但一樣迷人的垂椒草有所不同，其枝條可以長到 90 公分（3 呎）長，垂掛在盆緣的模樣美如畫，在椒草屬中，它跟荷葉椒草並列為體型較大的種類。垂椒草原產於墨西哥和南美洲的熱帶地區，在野外會附生在樹木上，在室內可說是最適合懶人的植物。

垂椒草的肉質葉子和淺根系意味著它需要的水量不多，所以在澆水前要先確認是不是大半的土都乾了，就算偶爾忘記澆水，它也不會在意，因此不用太擔心。日照方面，它偏好明亮的散射光，早上也可以適當曬點太陽，而斑葉垂椒草則需要更多光線才能保持塊斑的色澤，不得已的話，兩者都能忍受低光環境。氣溫方面，這兩種植物都不耐寒，偏好溫暖潮濕的空間，不過一般住家的濕度應該就夠了，建議到天氣暖和的生長季可以每個月用液肥施肥一次。

天南星科／ARACEAE

扁葉芋屬 Homalomena

　　扁葉芋屬（*Homalomena*）在哥倫比亞、哥斯大黎加的熱帶地區和南亞與東至美拉尼西亞的雨林地四處可見，為天南星科下的一屬，包含多種開花植物，植株顏色從深綠、紅、酒紅到紅銅色皆有，為多年生常綠植物，呈叢生狀，開出的花朵細長如指，沒有花瓣。扁葉芋屬植物的別名是「紅心皇后」和「盾牌植物」，因霧面的心形葉得名，在理想狀況下，葉子可以長到 30 公分（12 吋）長。

　　儘管扁葉芋屬有許多種植物，卻極少能夠作為室內植物販售，目前市面上看到的都是培育出來的栽培品種和雜交種，照顧起來更容易，葉色也更美觀。

難易度
新手

光線需求
半日照

澆水
中頻率

栽培介質
排水性強

濕度
中濕度 - 高濕度

繁殖
分株法

生長型態
叢生型

擺放位置
桌面

毒性
有毒

Homalomena rubescens 'Maggie'

俗名 **心葉春雪芋** QUEEN OF HEARTS

　　心葉春雪芋這個栽培品種的賣點就是養護簡單又充滿濃濃的叢林風情，深紅莖部配上碩大富光澤的心形葉片，立體感十足的紋理更是獨特，另外它淨化空氣的能力甚至還受到美國太空總署空氣淨化研究的認證。

　　心葉春雪芋的生長需求跟同為天南星科一員的喜林芋屬很相近，它偏好無直射光線的明亮處，對濕度的需求中等，因此很能適應居家環境，只要離暖氣跟冷氣遠一點就行了。如果能營造高濕度環境更好，建議可以適當噴水，保持空氣流通，介質方面請選用排水性佳的種類，等到表層 2.5 公分（1 吋）的土乾了再澆水即可。

　　這種植物的生長速度穩定，但並不需要時常換盆，格外省事，考慮到它叢生的生長習性，建議可以擺放在桌面或廚房中島上，免得占用小坪數住家的地板空間。

天南星科／ARACEAE

藤芋屬 Scindapsus

藤芋屬隸屬於天南星科之下，包含大約 35 種的多年生常綠藤本植物，原產於東南亞、新幾內亞、昆士蘭和部分西太平洋島嶼，其美麗的葉子極具觀賞價值。該屬包含不少斑葉變種和栽培品種，例如右圖的星點藤（*Scindapsus pictus* var. *argyraeus*）就以養護容易深受喜愛。

藤芋屬植物與拎樹藤屬植物（請見 54 頁）很類似，因此常會被誤認成黃金葛，這兩個屬最大的區別在於種子，藤芋屬只會長出一顆腎形種子，拎樹藤屬種子的數量則更多。

難易度
新手

光線需求
半日照

澆水
中頻率

栽培介質
排水性強

濕度
中濕度

繁殖
枝插法

生長型態
懸垂型

擺放位置
書架或層架

毒性
有毒

Scindapsus pictus var. argyraeus 俗名 **星點藤** SATIN VINE

　　星點藤有著墨綠葉子，以如繁星般的銀斑點綴，傾盆而下的模樣性格十足，原產於南亞與東南亞各地，它在野外會攀附在樹幹上或在地面匍匐生長，長度能多達 3 公尺（10 呎）；在室內，不管是從吊盆還是層架上垂墜都一樣好看。

　　其種小名「*pictus*」意思是「斑斕」，指稱葉子上的銀色塊斑，如同所有的斑葉品種，只要光線足夠，斑葉的色澤就會越來越鮮明，而星點藤正喜歡無直射光線的明亮處，它也能忍受低光環境，不過長時間下來斑紋就會變淡。

　　養護方面建議選用排水性佳的介質，澆水要澆透，等表層 2~5 公分（¾~2 吋）的土乾了再澆水。星點藤雖然很好養，但根系受不了水太多，要是出現枯黃的葉子，那很可能就代表澆水過多。如果能定期修剪，星點藤會很感謝你的，剪下來的枝條用水耕就可以繁殖，等到根系長到 8~10 公分（3¼~4 吋）就可以種回原盆或是新土裡了。

　　這種植物不容易長蟲，只要不要澆水過度，應該不需要擔心這類問題。

標本：*Alocasia zebrina*

天南星科／ARACEAE

海芋屬 Alocasia

　　海芋屬原產於亞洲和澳洲東部的熱帶和亞熱帶
地區，目前包含 80 種公認的種類，葉大而吸睛，
從觸感如絨布的黑絲絨觀音蓮（*Alocasia reginula*，
請見 211 頁）到葉緣呈鋸齒狀、葉面富光澤的美葉
觀音蓮（*Alocasia sanderiana*，請見 212 頁），各個
都獨具風格（也有點難搞！）。千萬不要把它們跟
相近的芋屬搞混了，海芋屬一般為根莖型或球根
型，如同其他天南星科植物，通常也會有長滿不起
眼小花的肉穗花序。海芋屬植物有其醫學價值，但
基本上是毒性很強的植物，請不要讓寵物和孩童接
觸到。

Alocasia clypeolata

俗名 **綠盾觀音蓮** GREEN SHIELD ALOCASIA

綠盾觀音蓮美若天仙、極其稀有，
萊姆綠的葉子巨大呈革質，
深綠葉脈隨著植物越發成熟會變得更為烏黑。

難易度
綠手指

光線需求
半日照

澆水
中頻率 - 高頻率

栽培介質
排水性強
保水性強

濕度
高濕度

繁殖
側芽
分株法

生長型態
叢生型

擺放位置
地板

毒性
有毒

綠盾觀音蓮屬於被暱稱為「象耳」的海芋屬，原產自菲律賓，性喜溫暖潮濕的環境，其葉子可以長到 25 公分（10 吋）長，全株的高度和寬度則能達到約 1.2 公尺（4 呎）。它在夏天生長快速，在氣溫較高的季節土壤必須保持濕潤，表土一乾掉就得澆水，要特別留意的是到了冬天，綠盾觀音蓮應該就會進入半休眠狀態，因此澆水頻率就要降低，但小心不要完全忘記它的存在。

春夏季時建議每個月用劑量減半的液肥施肥一次，要是根系纏繞在一起，生長速度就會減緩，為了讓植物更健康，可以每一到兩年就換盆，換盆也是繁殖的好時機，綠盾觀音蓮為叢生型植物，你可以直接將根系一分為二或是把從底部冒出的側芽剪掉，種到新盆內。

Alocasia macrorrhizos

俗名 **蘭嶼姑婆芋** GIANT TARO

蘭嶼姑婆芋可以長到3公尺（10呎）高，
葉子大到在熱帶地區能拿來當雨傘用，如果養在室內，
它的大小不會這麼誇張，不過最好還是替它留點生長空間。

難易度
綠手指

光線需求
半日照

澆水
中頻率 - 高頻率

栽培介質
排水性強

濕度
中濕度 - 高濕度

繁殖
側芽
分株法

生長型態
叢生型

擺放位置
有遮蔽的陽台

毒性
有毒

蘭嶼姑婆芋的鮮綠葉子充滿光澤、葉脈分明、葉緣呈波浪狀，總是筆挺向上，而芋（*Colocasia esculenta*）雖然跟它外觀雷同，差別就在葉子是下垂的。

蘭嶼姑婆芋原產於婆羅洲、東南亞和昆士蘭的雨林，在太平洋島嶼的許多地區也有種植。只要料理得當，某些部位是可以食用的，但大體而言，這是毒性極強的植物。

有遮蔽的陽台對它來說是最棒的，但由於葉子容易曬傷受損，需要特別注意午後陽光和風大的情況，它偏好養分充足的潮濕土壤，所以要定期澆水，只要表土乾掉就要補水。在溫暖的生長季可以一個月施肥一次，冬天的話水跟肥料都可以減少，另外別忘了定期用濕布或軟毛刷清理葉面的灰塵。

右圖的栽培品種魟魚觀音蓮（*Alocasia macrorrhizos* 'stingray'）葉子會往上捲起，細長的葉尾真的就跟魟魚尾巴一樣，莖部則有和虎斑觀音蓮（*Alocasia zebrina*）類似的花紋。它比其他同種的植物更愛高濕度環境，所以建議把它放在裝有碎石的蓄水盤上，除非擺放位置通風良好，不然不要直接對葉子噴水。

紅魚觀音蓮

Alocasia reginula

俗名 **黑絲絨觀音蓮** BLACK VELVET ALOCASIA

相較於其他海芋屬植物，黑絲絨觀音蓮小巧可愛，絨葉以銀白葉脈點綴。
它是成員屈指可數的暗黑系植物家族一員，
跟黑葉美鐵芋（*Zamioculcas zamiifolia* 'raven'）和
黑葉芋（*Colocasia esculenta* 'black magic'）一樣充滿魅力。

難易度
綠手指

光線需求
半日照

澆水
中頻率

栽培介質
排水性強

濕度
中濕度

繁殖
子株與側芽

生長型態
叢生型

擺放位置
桌面

毒性
有毒

　　黑絲絨觀音蓮原產於東南亞，生長在叢林林地上，演化出比同屬植物更加肥厚的葉子，因此較為耐旱，需要的水量也更少，只要等到表層5公分（2吋）的土乾了再澆透即可，通風非常重要，所以一定要開窗保持空氣流通，也不要跟其他植物擺得太靠近。

　　在理想狀況下，黑絲絨觀音蓮可以長到60公分（2呎）高，不過在室內的話高度頂多只會到20公分（8吋）左右，它並不需要定期換盆，到若要換的話記得盆器尺寸不要跳太大，不然土太多很容易積水，只要你好好呵護它，它就會年復一年以絕美的葉子嘉獎你。

Alocasia sanderiana

俗名 **美葉觀音蓮** KRIS PLANT

美葉觀音蓮的葉片紋理鮮明，為菲律賓部分地區的特有種，
其英文別名就是取自劍刃呈波浪狀的菲律賓武器「馬來短劍」。

難易度
綠手指

光線需求
半日照

澆水
中頻率 - 高頻率

栽培介質
排水性強

濕度
中濕度

繁殖
側芽

分株法

生長型態
叢生型

擺放位置
桌面

毒性
有毒

美葉觀音蓮在野外可以長到 2 公尺（6 呎 6 吋）高，但在家中不太可能會變得這麼高大，它乳白色的花序微不足道，但非比尋常的深綠盾狀葉卻充滿濃濃的熱帶風情，碩大又具光澤、葉緣和葉脈為銀白色、葉背則為紅色，它的葉子能長到 40 公分（16 吋）長，雖然作為室內盆栽相當熱門，在野外卻是瀕臨絕種的植物。

如果情況允許的話，澆水請用蒸餾水，夏季土壤要保持濕潤，冬季生長會減緩，可以等到大半土都乾了再澆水。施肥方面，建議春夏季每兩週就用劑量減半的肥料施肥，到了秋冬季就可以先暫停。

如同大多海芋屬植物，美葉觀音蓮很容易遭受病蟲害，所以平時就要特別注意，防患未然，確保它處在溫暖潮濕的環境（畢竟它是熱帶植物嘛），也要定期用濕布擦拭葉子或稍微沖洗一下，以免積太多灰塵，只要養成定期檢查的習慣，就能在病蟲害擴散前對症下藥，若有需要也可以使用環保油。

Alocasia zebrina

俗名 **虎斑觀音蓮** ZEBRA ALOCASIA

虎斑觀音蓮嬌嫩可愛，有著挺立的箭狀葉和帶有斑紋的葉柄。

難易度
專家

光線需求
半日照

澆水
中頻率

栽培介質
排水性強

濕度
中濕度 - 高濕度

繁殖
子株與側芽
分株法

生長型態
直立型

擺放位置
桌面

毒性
有毒

照顧虎斑觀音蓮有許多眉角要注意，想鎖定最適合它的環境絕非易事，只要找到與它的原產地東南亞熱帶最相似的位置，它就會有所回報。

虎斑觀音蓮偏好高濕度，建議可以朝葉子噴水，可是要確保環境夠通風，免得水分無法蒸發，把植物放在裝有碎石的蓄水盆上也是提高環境濕度的方法之一，澆水方面，請等到表層 5 公分（2吋）的土乾了再澆，日照方面，無直射光線的明亮處最佳，早上也可以曬曬太陽。

虎斑觀音蓮最高可以長到 90公分（3 呎），不過只要溫度持續低於攝氏 15 度（華氏 59 度）就會休眠，那時葉子會發黃掉落，但不用擔心，拿乾淨鋒利的修枝剪把枯萎的枝條剪掉，偶爾澆個水，停止施肥，等到天氣回暖它就會甦醒了。

如果想要繁殖，可以採分株法將塊莖一分為二或是把側芽拿去種，如同大多海芋屬植物，小塊莖可以先泡在水裡一段時間，記住只有根可以泡水，球莖的部分不行，水耕的話就可以看到發根的情形，配上對比鮮明的斑紋莖部和繁茂綠葉，別有一番趣味。

虎斑觀音蓮也有斑葉品種，但相當罕見，如果你有幸把它帶回家，一定要好好珍惜它。

天南星科／ARACEAE

芋屬 Colocasia

　　芋屬為熱帶植物，原產於東南亞和印度次大陸，因其可食用的塊莖芋頭在世界各地皆有種植，雖為常見的糧食作物，但要注意它生吃是有毒的，一定要經過發酵、醃漬或加熱料理後才能去除該植物用來抵禦動物的有毒物質。

　　芋屬植物柔軟的綠葉狀似盾牌或象耳（該屬的別名），可以長到無比巨大，某些種類，例如大野芋（*Colocasia gigantea*）甚至能長到 1.5 公尺（4 呎 9 吋）。它與同科的海芋屬（請見 205 頁）有許多相似處，最明確的辨識方式就是平臥或向下的葉子，有別於海芋屬植物直挺向上的葉片。該屬規模不大，僅包含大約十種植物，栽培品種卻很多樣，像是帶有潑墨黑斑的莫吉托（*Colocasia esculenta* 'mojito'）和紅莖的 *Colocasia esculenta* 'rhubarb'。

難易度
綠手指

光線需求
半日照
全日照

澆水
中頻率 - 高頻率

栽培介質
保水性強

濕度
中濕度

繁殖
分株法

生長型態
叢生型

擺放位置
有遮蔽的陽台

毒性
有毒

Colocasia esculenta

俗名 **芋 ELEPHANT EAR**

芋為芋屬中最常見的種類之一，擁有能長到 40 公分（16 吋）長的巨無霸鮮綠葉子，如同大多的芋屬植物，它偏好潮濕的土壤，甚至能水耕繁殖。在澆水方面，請定期澆水，確保表層 5 公分（2 吋）的土一乾就要補水，它需要大量的直射光和散射光，但為了避免葉子曬傷，還是要避開午後烈陽。在冬季，如果氣溫驟降，植物生長就會變得遲緩或進入短暫的休眠期，在這段期間，澆水的頻率可以降低，等到天氣回暖再恢復正常。

芋需要大量水分，所以在春夏季要定期澆水，老葉會枯黃，迅速被新葉取代，如果希望它長得整齊漂亮，可以把枯萎的葉子從莖部末端用鋒利的修枝剪剪掉。記得適時用水沖洗葉子，要是植株長得太大、難以移動，那就用濕布擦拭，它很容易受到紅蜘蛛等害蟲侵擾，所以要定期確認它的健康。

如果你養了體型較大的種類，盆器的尺寸也要夠大，芋很容易會變得頭重腳輕，要是不小心倒頭栽可就慘了，另外要留意的是它很愛向外長，在戶外一下就會蔓延失控，它在美國被視為入侵物種，在澳洲則是跟雜草一樣會長，所以請種在盆器裡或是池塘等密閉空間。

天門冬科／ASPARAGACEAE

吊蘭屬 Chlorophytum

吊蘭屬（*Chlorophytum*）原產於非洲、亞洲和澳洲的熱帶跟亞熱帶地區，為天門冬科下的一屬，包含約 150 種開花植物，其中最常作為室內植物的就是吊蘭（*Chlorophytum comosum*），它的英文別名為「蜘蛛草」，取自從細長走莖長出的小型子株，垂掛的樣子就像小蜘蛛。

該屬多為嬌小的常綠草本植物，最多可以長到大約 60 公分（2 呎）高，窄長的葉片從基部叢生，有肥厚的肉質根，部分種類則有根莖。

難易度
新手

光線需求
明亮無日照

澆水
中頻率

栽培介質
排水性強

濕度
中濕度

繁殖
子株與側芽

生長型態
懸垂型
叢生型

擺放位置
書架或層架

毒性
寵物友善

Chlorophytum comosum

俗名 **吊蘭** SPIDER PLANT

吊蘭在 1970 年代是極為熱門的室內植物，多年來時而受歡迎、時而乏人問津，幸好如同大多事物，它最近又再度蔚為風潮，我們才能重溫這生長快速、茂密又好養的植物帶來的快樂。原產於南非，吊蘭在 19 世紀中期傳入歐洲，在熱帶和亞熱帶地區常見的野外種類葉子是單純的綠色，栽培品種則更為多彩，例如中斑吊蘭（*Chlorophytum comosum* 'vittatum'）的葉子中央就有寬白條紋，如果想要更俏皮的品種，卷葉吊蘭（*Chlorophytum comosum* 'Bonnie'）是個好選擇，外表不拘一格，不過養護一樣容易。

吊蘭隨遇而安，因為可以忍受低光環境（生長會減緩）而常被養在浴室裡，可惜的是就因為這點，它也常被稱為廁所植物，請千萬不要因此就不給它機會。

它會長有如小蜘蛛般的子株，所以繁殖起來非常簡單，一下子就能生出好幾盆；施肥方面，它的需求不高，肥料過多的話可能會阻礙子株生長，請選用排水性佳的介質，保持土壤濕潤，但不要澆水過度，不然葉子會褐化，導致爛根。自來水中過多的氟化物也可能導致葉尖褐化，所以請盡量使用蒸餾水。

卷葉吊蘭

葡萄科／VITACEAE

粉藤屬 Cissus

　　粉藤屬（*Cissus*）為葡萄科下的一屬，名字取自希臘文的「*kissos*」，意思是藤，包含大約 350 種木質藤本植物。該屬遍布世界各地，大多出現在熱帶地區，許多種類會有肥厚的肉質葉。

　　該屬有數十種植物用於製作傳統藥物，在澳洲，「*Cissus hypoglauca*」可以製成治喉嚨痛的藥，而在東南亞，四棱白粉藤（*Cissus quadrangularis*）有治療骨折、加速傷口癒合的功效；另外也有許多種類為熱門的庭園植物，而像右圖的羽裂菱葉藤（*Cissus rhombifolia*）和「Cissus antarctica（kangaroo vine）」則是室內盆栽的首選。

難易度
新手

光線需求
明亮無日照

澆水
中頻率

栽培介質
排水性強

濕度
中濕度

繁殖
枝插法

生長型態
懸垂型

擺放位置
書架或層架

毒性
有毒

Cissus rhombifolia

俗名 **羽裂菱葉藤** GRAPE IVY

雖然長得像常春藤（*Hedera*），但羽裂菱葉藤並不是常春藤屬植物，而是屬於葡萄科，其葉子和深色果實都和用來釀酒的葡萄植物很類似。

在所有的粉藤屬植物中，羽裂菱葉藤是最能適應居家環境的，在野外，也就是委內瑞拉，這種熱帶藤本植物隨處可見，最多可以長到 3 公尺（10 呎）長，在室內，它很適合放在書架或層架上，任由枝蔓垂盪，也可以裝設攀爬棒或爬藤架讓它向上攀爬。

養護方面，少即是多，雖然羽裂菱葉藤偏好無直射光線的明亮處，它也能適應低光環境，在光線充足的位置，它需要的水量為中等，光線越少，需要的水就越少，無論如何，只要等到表層 2~5 公分（3/4~2 吋）的土乾了再澆水即可，溫度則最好維持在攝氏 10~28 度（華氏 50~82 度）之間，太低或太高都會影響到走莖的生長。

夾竹桃科／APOCYNACEAE

風不動屬 Dischidia

　　風不動屬（*Dischidia*）和毬蘭屬（請見 42 頁）關係很近，同隸屬於夾竹桃科，不過有別於毬蘭屬，我們對該屬的了解還不夠透澈。

　　風不動屬包含約 120 種附生植物，常見於亞洲各地的熱帶地區，包括臺灣、中國部分地區和印度，也原產於澳洲東北部，有趣的是大多風不動屬植物都長在樹棲的蟻窩內，跟螞蟻形成了共生關係，長久下來演化出脹大的葉片，讓螞蟻得以安居和貯存食物，而植株則是從螞蟻的殘餘廢物取得養分，吸取到葉子內分解利用。

難易度
新手

光線需求
半日照

澆水
中頻率

栽培介質
排水性強

濕度
中濕度

繁殖
枝插法

生長型態
直立型

擺放位置
地板

毒性
有毒

Dischidia ovata

俗名 **西瓜藤** WATERMELON DISCHIDIA

西瓜藤小巧可愛、葉子紋路分明，是獨具一格的蔓性植物，它的種小名指稱其橢圓或卵形葉，而俗名當然是取自形似西瓜皮的紋理。西瓜藤會開黃綠帶紫的小花，雖然跟葉子一比相形見絀，但依然芬芳，在較溫暖的季節最容易出現。

身為附生植物，西瓜藤會沿著節生根，以吸收養分和水分，同時牢牢攀附在宿主植物上，因此只要採用枝插法就能輕鬆繁殖，方法如下：從節上方剪下 10 公分（4 吋）長的枝條，插在水中、水苔或蛭石中靜待發根。

它很適合種在吊盆、用軟木板製成板植或放在書架上垂掛，不管你選擇如何擺放，一定要是能照到充足散射光的位置，來自東南亞和澳洲北部熱帶地區的它也偏好高濕度環境，即使厚實的葉片能有效貯存水分，最好還是盡量營造植物原產地的環境濕度，每隔幾天就朝葉子噴點水。

西瓜藤的汁液有可能會造成皮膚發癢，但對於寵物的影響資訊尚且不足，儘管它或許跟無毒的毬蘭屬比較相近，最好還是不要讓寵物接近比較保險。

虎尾蘭與香龍血樹
（*D. fragrans*）

龍血樹屬 Dracaena

龍血樹屬（*Dracaena*）包羅萬象，隸屬天門冬科，包含超過 100 種植物，大多都原產於非洲、南亞和澳洲，不幸的是有部分種類因過度開採和棲息地消失而被列為瀕臨絕種的物種。

該屬有不少植物，包括富貴竹（*Dracaena braunii*）和香龍血樹（*Dracaena fragrans*）是因葉色迷人和養護容易而被栽培成室內植物，它們淨化空氣的能力也不同凡響，能夠去除室內空氣中的有害物質，例如甲醛。龍血樹屬大多種類的葉子為窄長劍形，有些則像樹一樣成叢生狀，開出的花較小，通常為紅、黃或綠色，也會結出如同漿果的果實，但種在室內不太可能會看到。

其中一個較奇特的種類為德拉科龍血樹（*Dracaena draco*），要是枝幹被劃傷就會流出血紅色的樹汁，而根據傳說，鮮紅樹汁的由來就是過去有一隻百頭龍遭到殺害，而從牠流出的血長出了數以百計的樹木，所以當地人才如此命名。

Dracaena marginata

俗名 **五彩千年木** MADAGASCAR DRAGON TREE

五彩千年木這樣的名稱一看就讓人充滿想像，它莖幹挺立、
微彎的劍形葉繽紛閃耀，不管擺放在室內何處都能帶來摩登氣息。

難易度
新手

光線需求
半日照
全日照

澆水
低頻率

栽培介質
排水性強

濕度
低濕度

繁殖
枝插法

生長型態
直立型

擺放位置
有遮蔽的陽台

毒性
有毒

　　五彩千年木勇健耐旱、根系健壯，非常適合養在室內，它偏好充足光線，雖然多少能忍受低光環境，生長速度通常會因此減緩，葉子也會變小褪色，早上可以直曬，但要避開午後烈陽。

　　澆水方面，少即是多，澆水要澆透，但一定要等到上半部的土都乾了再澆，如果擺放在低光環境，澆水頻率就可以降低。要是發現葉尖褐化，就代表水不夠或是鹽分或氟化物過多，因此建議用蒸餾水澆水。

　　五彩千年木一般最多長到1.8公尺（6呎）高，以室內植物來說已經算是龐然大物了，幸好它並不在意根系擠一點，所以每兩年換一次盆就可以了。

月光虎尾蘭（*Dracaena trifasciata 'moonshine'*）

Dracaena trifasciata

俗名 **虎尾蘭** SNAKE PLANT　　異學名 *Sansevieria trifasciata*

你或許無法理解為什麼有一些虎尾蘭屬植物近期被重新歸類為龍血樹屬，但俗話說得好，玫瑰就算換個名字還是一樣芬芳，虎尾蘭亦是如此。

難易度
新手

光線需求
半日照

澆水
低頻率

栽培介質
砂質粗石

濕度
低濕度

繁殖
分株法

生長型態
蓮座型

擺放位置
書架或層架

毒性
毒性一般

　　虎尾蘭的拉丁學名雖然有變，俗名還是一樣的，它還有個帶有貶意的別名「岳母舌」，取自其葉緣鋒利的直立葉，不過我們還是比較偏好原本的名稱，也可以跟你保證這婀娜多姿的多肉植物絕對是養了不會後悔的一隻虎。

　　虎尾蘭並非空有外表，它受到美國太空總署空氣淨化研究的認證，以家中常見的 5 種有害物質來說，它就能有效去除 4 種，加上又能忍受低光環境和耐旱，難怪會受到室內植物迷的喜愛。

　　雖然這懶人植物不需要你緊迫盯人，但千萬不要徹底忘記它，使用排水性良好的介質非常重要，我們會建議你選用仙人掌和多肉植物專用土，等到土完全乾透再澆水，澆水的時候要小心不要淋到葉子，免得水都積在基部，導致爛根。

　　市面上有顏色紋路各異的多種栽培品種可選，但我們特別喜愛左圖的月光虎尾蘭，其葉子是夢幻的銀綠色，但一樣好養。

　　另外值得一提的是虎尾蘭繁殖速度很快，建議種在塑膠花盆裡，放置在較大的裝飾盆中，免得爆盆把脆弱的盆器撐破了。

唇形科／LAMIACEAE

香茶菜屬 Plectranthus

香茶菜屬（*Plectranthus*）包含超過 350 種生長快速、養護容易的植物，原產於澳洲、非洲、印度、印尼和太平洋群島各地。

該屬的某些植物可食用，例如左手香（*Plectranthus amboinicus*）味道就像奧勒岡葉、百里香和薄荷的綜合體；有些則以具觀賞價值的花葉為重，例如有著迷人富光澤綠葉的如意蔓（*Plectranthus verticillatus*）和花朵有如薰衣草的龍蝦花（*Plectranthus neochilus*），也有不少種類具有藥用價值。

難易度
新手

光線需求
半日照

澆水
中頻率

栽培介質
排水性強

濕度
中濕度

繁殖
枝插法

生長型態
懸垂型

擺放位置
書架或層架

毒性
有毒

Plectranthus australis

俗名 **瑞典常春藤** SWEDISH IVY

　　瑞典常春藤養護容易，在瑞典是相當受歡迎的室內植物，傾瀉而下的細長枝蔓確實也會讓人聯想到常春藤，但奇妙的是它並不是來自瑞典，也不是常春藤屬植物，然而它真的是非常適合新手的室內植物，怎麼養怎麼活，形似扇貝又帶有光澤的葉片朝氣蓬勃，其斑葉品種更是魅力無窮。

　　在理想狀況下，只要放在無直射光線的明亮處，早上直曬，瑞典常春藤就能迅速生長，排水性對它來說很重要，所以請選用排水性佳的介質，等表層 2-5 公分（3/4~2 吋）的土乾了再澆水。瑞典常春藤需要生長空間，讓濃密的枝蔓垂掛，因此高處層架會是最適合的位置。

　　如果希望植株整齊漂亮，記得要定期修剪，等花朵凋謝後就可以把枝蔓頂端剪掉，免得徒長，造型也會更為美觀。

銀脈針房藤（*Rhaphidophora cryptantha*）

銀脈針房藤有著獨特的覆瓦葉，看起來就像層層堆疊的房子瓦片，因而得名。它需要穩固的攀爬棒支撐才能貼附向上生長，在室內，可以使用桉木棒或椰纖棒，要是少了支持物，植株就會長不大。

針房藤屬 Rhaphidophora

針房藤屬隸屬於天南星科，包含大約 100 種常綠蔓性植物，原產於非洲熱帶地區，棲息地甚至遠至以東的馬來西亞、澳大拉西亞和西太平洋地區。

該屬為半附生植物，種子可以在樹中發芽、向下扎根或是自林地萌芽、向上攀附生長，在更極端的狀況下還可能是陸生的流水植物，在湍急的水中生長。

Rhaphidophora decursiva

俗名 **爬樹龍** CREEPING PHILODENDRON

爬樹龍跟拎樹藤（*Epipremnum pinnatum*）這2種植物非常容易混淆，
在苗圃中，幾乎所有標示為拎樹藤的植物其實都是爬樹龍。

難易度
新手

光線需求
明亮無日照

澆水
中頻率

栽培介質
排水性強

濕度
低濕度

繁殖
枝插法

生長型態
攀緣型
懸垂型

擺放位置
書架或層架

毒性
有毒

　　搞不好是當初在泰國的植物組織培養實驗室時標籤就被換掉，或是開始大量生產時標示錯誤，不管怎樣，我們能保證你買回家的拎樹藤其實是完全不同屬的植物，更讓人困惑的是因為曾經被誤以為是喜林芋屬的一種，它的俗名也跟真正的身分不符。

　　撇開名稱不談，爬樹龍是很適合新手的懶人植物，它在幼年期的葉子如右圖所示偏橢圓狀，成熟的葉子則為厚實呈革質的羽狀深裂，有時候還會長出沒有葉子的莖部，用來探索周遭，往生長條件較好的位置移動。

　　養在室內的爬樹龍不需要太多照顧，如同大多天南星科植物是非常好養的盆栽，你可以種在吊盆裡讓它垂掛或是立柱固定，讓它靠氣根攀爬。要是發現生長速度減緩，可能是根系太擠，是時候該換盆了。

　　爬樹龍所需的水量和日照為中等，它還算耐旱，但要是太久沒澆水，葉子就會下垂捲曲，記得等表層 2~5 公分（3/4~2 吋）的土乾了再澆水，免得積水爛根。它偏好無直射光線的明亮處，但也能忍受低光環境，另外就算溫度較低，它也不受影響，基本上無論氣候如何，它一整年都能在戶外蓬勃生長。

Rhaphidophora tetrasperma

俗名 **姬龜背** MINI MONSTERA

看到這些小巧的裂葉就不難理解這種植物為何會跟龜背芋同名，
它的別名還包括「philodendron ginny」或「piccolo」，
雖然都是天南星科植物，但姬龜背既不是龜背芋屬，也不是喜林芋屬。

難易度
新手

光線需求
半日照

澆水
中頻率

栽培介質
排水性強

濕度
中濕度

繁殖
枝插法

生長型態
攀緣型

擺放位置
書架或層架

毒性
有毒

姬龜背原產於泰國和馬來西亞，能充分適應室內環境，如同俗名所指稱的屬一樣有性格十足的裂葉、養護也相當容易，只是尺寸小了點而已。它在溫暖的春夏季生長速度極快，所以應該每年都需要換盆，如果有水苔棒、攀爬棒或爬藤架可以攀附，它會長得更好。若是想要垂掛也是可以，但這樣很容易會枝條徒長，葉子縮水。

澆水方面，等表層 2~5 公分（3/4~2 吋）的土乾了再澆水，請不要長時間不澆水，雖然姬龜背並不在意偶爾被忽視，但這會嚴重影響生長狀況。它可以接受一般居家環境的濕度，不過如果能定期噴水，它會更加開心。假如水澆太多，很容易就會爛根，尤其是在較冷的季節，因此要注意排水性，冬季可以少澆點水。

五加科／ARALIACEAE

鵝掌柴屬 Schefflera

鵝掌柴屬取名自 19 世紀的波蘭醫生兼植物學家約翰・彼得・厄尼斯・馮・舒夫勒（Johann Peter Ernst von Scheffler），植物眾多，含括 600 到 900 種開花植物，佔了五加科中植物的半數。該屬包括喬木、灌木和木質藤本植物，可以長到 4~20 公尺（13~66 呎）高，多半有著木質莖和掌狀複葉，而其傘狀的葉子就是俗名「傘樹」的由來。澳洲鴨腳木（*Schefflera actinophylla*）和右圖的鵝掌藤（*Schefflera arboricola*）是鵝掌柴屬中最常見的室內植物。

難易度
新手

光線需求
半日照

澆水
中頻率

栽培介質
排水性強

濕度
中濕度

繁殖
枝插法

生長型態
直立型

擺放位置
桌面

毒性
有毒

Schefflera arboricola

俗名 **鵝掌藤** DWARF UMBRELLA PLANT

鵝掌藤是原產於臺灣和海南的熱帶植物，在澳洲各地也能見到，它有著該屬標誌性的掌狀複葉，但與高大的近親澳洲鴨腳木相比，整體更為矮小。

鵝掌藤以好養而受人喜愛，但請不要占它便宜，儘管它能忍受低光環境，卻容易生長減緩、枝條徒長，如果希望它長得茂密健康，建議將它放在無直射光線的明亮處。

鵝掌藤通常枝條叢生，直立生長，革質葉子充滿光澤，幼年期的植株較小巧，可以放在桌子或廚房中島上，等到成熟期會比較適合擺在地上。

它很容易就會長得過於茂密雜亂，建議偶爾可以修剪一下，修剪方法非常簡單，照著你偏好的尺寸和造型把多餘的枝條剪掉就可以了，你很快就會發現它長得非常快，一下就會變得更茂盛。

鵝掌藤有不少因為葉色紋路出色而大量培育的栽培品種，像是有著金黃和綠色塊斑的斑葉鵝掌藤（*Schefflera arboricola* ‘gold capella’）就是受到英國皇家園藝學會花園優異獎加持的品種。

酢漿草科／OXALIDACEAE

酢漿草屬 Oxalis

　　酢漿草屬（*Oxalis*）包含超過 500 種植物，棲息地遍布全球，而大多種類都出現在南非、墨西哥和巴西的熱帶與亞熱帶地區。即便味道極酸，有許多種類仍因可食用的葉子和塊莖在市面上流通。由於其塊莖可以貯存養分，某些酢漿草屬植物已經如同難以根除的雜草（所以請慎選種植地點），而受到寵幸的其他種類則是妝點室內外的熱門植物。

　　酢漿草屬的別名有酸味草、酢醬草和鹽酸草，許多種類貌似三葉草，也會開出五顏六色的小花。

難易度
新手

光線需求
半日照

澆水
中頻率 - 高頻率

栽培介質
排水性強

濕度
中濕度

繁殖
分株法

生長型態
叢生型

擺放位置
桌面

毒性
有毒

Oxalis triangularis

俗名 **紫葉酢漿草** PURPLE SHAMROCK

與眾不同的紫葉酢漿草有著深紫或紫紅色的蝶形葉，與三葉草很類似，通常葉子中心會是更淺的紫色，特別的是隨著時間越來越晚，它們會慢慢下垂，到了晚上就會像雨傘一樣閉合，更迷人的是還會開出淡紫偏白的嬌小喇叭狀花朵，探出頭來的模樣惹人憐愛。

原產於巴西、玻利維亞、阿根廷和巴拉圭，紫葉酢漿草的高度和寬度最高能達到 50 公分（20 吋），養護起來還算容易，但要是疏於照顧或氣溫太高太低，它就會進入休眠期，若是發生這樣的情況，不用擔心，這是很正常的（某些種類每年冬天都會休眠），並不代表它會枯萎死亡，只是需要休息一陣子而已，你可以剪掉枯葉、少澆點水，才不會讓不太需要養分的塊莖淹死，同時也要避免強光照射，一旦看到新葉冒出，你就可以把它擺回原本的位置，恢復正常的澆水頻率了。

紫葉酢漿草的美葉可以用來裝飾沙拉，但記住不要一次吃太多，不然當中的草酸會讓你消化不良的，而對於寵物來說，只要大量攝取就會致命。

電捲燙（*Tillandsia streptophylla*）

鳳梨科／BROMELIACEAE

空氣鳳梨屬 Tillandsia

空氣鳳梨屬隸屬於鳳梨科，包含 650 種植物，棲息地多樣，遍布沙漠、沼澤、山林和熱帶雨林，在美國、墨西哥、加勒比海群島和阿根廷等地都能看到它們的蹤跡，某些種類和栽培品種也能適應室內環境。

該屬植物的獨特之處在於似乎光靠空氣就能存活，因而得名，雖然它們有時會長出小小的根系，但那也只是為了攀附介質，真正用來吸收養分和水的部位是葉面上細小的毛狀體。

空氣鳳梨屬植物的樣貌千變萬化，包括球形的犀牛角（*Tillandsia seleriana*）、葉身修長的大天堂（*Tillandsia pseudobaileyi*）和有淺綠蜷曲葉的電捲燙等，花朵與花序也是亮麗繽紛，從粉紅、藍、紫、黃到紅皆有。

Tillandsia usneoides

俗名 **松蘿鳳梨 SPANISH MOSS**

雖然長得像苔蘚和地衣，而有了英文別名「西班牙苔蘚」，
松蘿鳳梨其實是附生開花植物。

難易度
新手

光線需求
半日照

澆水
中頻率 - 高頻率

栽培介質
無

濕度
中濕度 - 高濕度

繁殖
側芽

生長型態
懸垂型

擺放位置
書架或層架

毒性
寵物友善

松蘿鳳梨有如一頭亂髮，事實上是由許多細長捲曲的淺灰綠葉子組合而成，最長能長到 6 公尺（19½ 呎）。它也有不同的變種和栽培品種，差別就在葉子的大小、厚度和生長型態（例如 *Tillandsia usneoides* 'super straight'）

松蘿鳳梨偏好高濕度，由於沒有介質可以保水，最好每天都要噴水，每週要泡水一次，確切的頻率當然取決於居家環境、季節和植物本身的狀況，但上述建議在摸索期間可以當作參考。如果要泡水，建議用蒸餾水泡 10 分鐘，要是葉子很多，記得要稍微撥動一下，讓它們盡可能吸收水分，泡完後一定要把植物放在通風良好的地方，不然積在葉子上的水珠可能會導致葉片腐爛。雖然它需要的養分不多，如果你覺得有需要，偶爾還是可以用高度稀釋過的空氣鳳梨用液肥噴葉子。

在家中，你可以把松蘿鳳梨掛在現有的植物收藏上方、用鉤子吊著或是用吊盆任由它垂盪，不管怎麼擺設，記得要方便拿取，才好定期幫它泡水。

Tillandsia xerographica

俗名 **霸王鳳** KING OR QUEEN AIR PLANT

霸王鳳是體型屬一屬二大的空氣鳳梨，寬度可以超過90公分（3呎），開花時也能達到差不多的高度。

難易度
新手

光線需求
半日照
全日照

澆水
低頻率 - 中頻率

栽培介質
無

濕度
低濕度

繁殖
枝插法

生長型態
蓮座型

擺放位置
書架或層架

毒性
有毒

霸王鳳呈蓮座狀，灰綠葉片從中心向外蜷曲內縮，罩住基部，開花時會抽出筆直的分枝花序，帶有黃、紅、粉紅和紫色色澤，花期長達好幾個月。原產於宏都拉斯、薩爾瓦多、瓜地馬拉和墨西哥的乾燥亞熱帶森林，霸王鳳會長在樹梢或岩石上，可惜的是如今已瀕臨絕種。

霸王鳳經過演化，變得更為耐旱耐曬，比起同屬的其他植物，它巨大的葉子需要的水更少、對日照的需求更高，大多擁有大型灰綠色葉子的空氣鳳梨皆是如此，相較之下，葉子更小更綠的種類需要更高的濕度和更多的水。以霸王鳳來說，這代表在夏季大概每週澆一次水就好了，冬季則每個月澆一次、每隔幾天就噴個水。如果想要泡水，可以泡在蒸餾水中1個小時左右，泡完後拿出來倒置，讓多餘的水流掉，中心絕對不能積水，不然可能會爛心，假如水一直沒蒸發，植物也很容易腐敗死亡，所以一定要放在通風的位置。你會發現泡了水的植株比較綠，等乾掉就會慢慢變回灰綠色。在澆水之後可以用高度稀釋過的空氣鳳梨用液肥噴葉子，一個月一次即可，它生長速度緩慢，但很快就會成為你室內綠洲中最讓人讚嘆的存在。

天南星科／ARACEAE

白鶴芋屬 Spathiphyllum

白鶴芋屬（*Spathiphyllum*）原產於東南亞和美洲的熱帶地區，是出了名的懶人植物，翠綠的葉子與佛焰花序交相輝映，花苞一般為雪白色，但也有黃色或綠色。

對於新手來說，該屬植物好處多多，養護容易、能淨化空氣，也很耐陰，我們特別喜愛斑葉品種「*Spathiphyllum* sp. 'Picasso'」和葉片碩大的神聖白鶴芋（*Spathiphyllum* sp. 'Sensation'）。

難易度
新手

光線需求
明亮無日照

澆水
中頻率

栽培介質
排水性強

濕度
中濕度

繁殖
分株法

生長型態
叢生型

擺放位置
地板
桌面

毒性
毒性一般

Spathiphyllum sp.

俗名 **白鶴芋 PEACE LILY**

　　白鶴芋是室內植物界的代表盆栽，因其油綠的葉子在世界各地都大受歡迎，而養護簡單也是一大優點，有別於大多的室內植物，它在室內也會開花，只要確保散射光充足、直射光不要太過強烈即可，基本上一年會開兩次，花期為一個多月，白色花序有如展翅的鶴，因而得名。

　　白鶴芋要是嚴重缺水，葉子就會下垂，這就代表你太久沒澆水了，如果想救活它，請趕快恢復正常的澆水頻率。假如植物是放在無直射光線的明亮處，那在夏天只要發現表層 5 公分（2 吋）的土乾了就可以澆水（冬天則為 6 公分／2½ 吋）；要是擺放位置日照較不足，那就再多加個 2 公分（3/4 吋）。

　　請適時修整植株，擦拭葉面的灰塵和從葉柄剪去枯萎的花葉；建議每週朝植物噴水，在春夏季時每兩週使用劑量減半的液肥施肥，如果進入開花期，頻率就改為每週一次。要是發現葉尖褐化，可能代表澆水過度或過少，請留意日照和澆水的狀況，尋找更好的平衡。

美鐵芋屬 Zamioculcas

美鐵芋屬（*Zamioculcas*）隸屬天南星科，只包含一種植物：美鐵芋（*Zamioculcas zamiifolia*），又名金錢樹或發財樹，原產於非洲東部和南部。

這種植物多年來被誤認為有毒，甚至還會致癌，但是這些都是無憑無據的說法，相反地，有部分研究指出美鐵芋屬植物事實上有益身體健康，能有效去除空氣中的有害物質，例如汽油廢氣、甲苯、乙苯和二甲苯。

難易度
新手

光線需求
明亮無日照

澆水
低頻率

栽培介質
排水性強

濕度
低濕度

繁殖
分株法

生長型態
叢生型

擺放位置
書架或層架

毒性
有毒

Zamioculcas zamiifolia

俗名 **美鐵芋** ZANZIBAR GEM

美鐵芋不僅能淨化空氣，更堪稱是生命力最頑強的室內植物，因此被戲稱為「種不死的植物」，它有著墨綠富光澤的肉質葉，葉柄直接從基部的塊莖長出，最高可以長到 60 公分（2 呎）。要是完全不澆水，葉子就會掉光，植物會將剩餘的水分和養分貯存在莖部，直到養分供給變得穩定，話雖如此，我們也看過好幾個月沒澆水的美鐵芋依然生氣蓬勃，但請不要因為這樣就去挑戰它的極限，建議等到大多的土都乾了就澆水。

美鐵芋也能忍受低光環境，因此很適合放在辦公室或家中較陰暗的房間，它彎曲的枝條很容易斷裂，所以盡量不要放在人來人往的通道上。如果想要繁殖，可以採用葉插法，但耗時較長，我們會建議直接分株，只要把如同馬鈴薯般的塊莖一分而二即可。它生長速度較為緩慢，並不需要時常施肥，夏天的話就一個月用劑量減半的液肥施肥一次就夠了。

鳳尾蕨科／PTERIDACEAE

鐵線蕨屬 Adiantum

　　鐵線蕨屬（*Adiantum*）包含約 250 種蕨類，各個低調溫婉、嬌小玲瓏，名稱取自希臘文「*adiantos*」，意指「不潮濕的」，指稱蕨葉因表面細毛而不沾水的特性。該屬植物的青綠蕨葉和烏黑莖部形成對比，更厲害的是它們還會自行淘汰老葉，更具有防水性。

　　原產於紐西蘭、安地斯山脈、中國和北美洲各地，鐵線蕨屬既是陸生，也是附生植物，通常生長在瀑布旁，為該地增添了夢幻氛圍。

Adiantum aethiopicum

俗名 **鐵線蕨** COMMON MAIDENHAIR FERN

如同英文俗名所示，這就是最常見的鐵線蕨，
有著代表性的嬌嫩蕨葉和如鐵絲般的莖部。

難易度
綠手指

光線需求
半日照

澆水
中頻率 - 高頻率

栽培介質
保水性強

濕度
中濕度 - 高濕度

繁殖
分株法

生長型態
叢生型

擺放位置
書架或層架

毒性
寵物友善

鐵線蕨原產於非洲、紐西蘭和澳洲，是極少數能適應居家環境的澳洲原生植物之一（其餘為澳洲椰子〔kentia palm〕、澳洲薄荷〔native river mint〕和鹿角蕨〔staghorn fern〕）。在野外，鐵線蕨生長在靠近溪流等充滿水氣的地方，所以土壤必須時時保持潮濕，表面一乾掉就要澆水，不然葉子很快就會乾枯；它偏好濕度中等的環境，但很討厭葉子被弄濕，因此請不要直接噴水，而是把它跟其他盆栽擺在一起就行了。鐵線蕨非常吹毛求疵，因此名聲不太好，我們也深受折磨過，但只要照顧得當，它就可以長命百歲，這種植物生長快速、根莖呈匍匐狀，婀娜的淺綠蕨葉可以長到 50 公分（20 吋）高，如果有枯萎的葉子，建議拿鋒利的修枝剪從葉柄剪掉，適時修剪可以讓植株保持整齊、避免徒長，趁著冬末修剪一番，等到春天新葉才會萌芽。

鐵線蕨很容易受到介殼蟲侵擾，所以平時就要留意，一旦發現就要馬上根除，值得慶幸的是它跟所有的蕨類都一樣對寵物無害。

Adiantum tenerum

俗名 **脆鐵線蕨** BRITTLE MAIDENHAIR FERN

脆鐵線蕨是相當罕見的品種，原產於北美、
中南美洲和加勒比海群島等地，
一般生長在陰暗的小岩洞和潮濕的岩壁上。

難易度
綠手指

光線需求
半日照

澆水
中頻率 - 高頻率

栽培介質
保水性強

濕度
高濕度

繁殖
分株法

生長型態
叢生型

擺放位置
書架或層架

毒性
寵物友善

脆鐵線蕨的葉子為羽狀扇形，與鐵線蕨相比裂痕更深，剛長出的新葉是淺綠色，隨著越發成熟，顏色也會變深。如果偏好色澤更鮮明的樣貌，可以選栽培品種「*Adiantum tenerum* 'gloriosum roseum'」，其粉色的葉緣在尋常的蕨類當中獨樹一幟。

脆鐵線蕨偏好無直射光線的明亮處，所以請避開直射日光；澆水方面，土壤需要保持濕潤，因此土的表面一乾就需要澆水，噴灑室溫水也可以創造它偏好的高濕度環境。如同大多蕨類，它對肥料很敏感，因此請選用蕨類專用肥料，也記得使用劑量要減半。脆鐵線蕨在冬天的生長會大幅減緩，這時先不要施肥，澆水頻率也要降低，等到天氣回暖再繼續。建議初春的時候稍微修剪一下植株，處理掉枯葉，這樣新芽才能萌發。

骨碎補科／DAVALLIACEAE

骨碎補屬 Davallia

　　骨碎補屬（*Davallia*）是骨碎補科下唯一的一屬，原產於澳洲、亞洲、非洲和太平洋群島，包含大約 65 種血緣非常相近的植物，因此大部分都難以區別。

　　該屬植物的特徵為毛茸茸的氣生根莖和如同動物腳掌的長毛莖部，一般會攀附在樹木上，有時也會長在岩石或林地上，最常見的栽培品種就是「*Davallia canariensis*（hare's-foot fern）」和右圖的兔腳蕨（*Davallia fejeenis*），兩者的蕨葉都是該屬代表性的三角形。

難易度
綠手指

光線需求
半日照

澆水
中頻率

栽培介質
保水性強

濕度
中濕度

繁殖
分株法

生長型態
叢生型

擺放位置
書架或層架

毒性
寵物友善

Davallia fejeenis

俗名 **兔腳蕨** RABBIT'S FOOT FERN

兔腳蕨原產於斐濟，有著該屬植物代表性的毛茸茸根莖，長得就像兔腳。在室內，根莖會沿著盆器邊緣匍匐生長，這樣的特性加上柔軟如蕾絲的蕨葉正是它備受青睞的原因。

它偏好無直射光線的明亮處，所以請不要讓強烈日光把脆弱的葉子曬傷了，有別於大多的蕨類，骨碎補屬植物能忍受濕度較低的空間，但如果希望它長得好，還是維持中等濕度較佳。記住它的根莖是氣生的，所以換盆時不要埋進土裡。

兔腳蕨很適合使用吊盆種植，讓根莖沿著盆緣生長或是放在層架高處展示。儘管它不太容易受蟲害，要是通風不良、土壤過乾，就會受到蕨類的大敵桔箭頭介殼蟲侵擾，這種蟲害難以察覺、蔓延又很快；春天時從敞開的窗戶飛進來的蚜蟲也會攻擊捲曲的幼葉。如同照顧大多蕨類，請避免在嬌貴的蕨葉上塗抹任何亮葉劑或殺傷力強大的殺蟲劑，如果想要去除灰塵和害蟲，只要動作輕點、用水沖洗即可，在特定情況下，也可以使用毒性沒那麼強的蕨類專用殺蟲劑。

鳳尾蕨科／PTERIDACEAE

澤瀉蕨屬 Hemionitis

　　澤瀉蕨屬（*Hemionitis*）隸屬鳳尾蕨科之下，包含多種蕨類，雖然該屬最初正式發表是出現在林奈於 1753 年出版的《植物種誌》（*Species Plantarum*），屬名卻歷史悠久，是取自希臘文「*hemionus*」，意思是「騾」，由來是當時深信該屬植物不會結果。

　　雖然關於該屬仍有諸多猜測，蕨類植物系統發育研究組（Pteridophyte Phylogeny Group）在 2016 年發表的蕨類名錄裡將其列為碎米蕨亞科（Cheilanthoideae）下 20 個屬之一，包含大約 5 種植物。

難易度
綠手指

光線需求
半日照

澆水
高頻率

栽培介質
保水性強

濕度
高濕度

繁殖
分株法

生長型態
叢生型

擺放位置
桌面

毒性
寵物友善

Hemionitis arifolia

俗名 **澤瀉蕨** HEART-LEAF FERN

　　澤瀉蕨因心形葉又稱為心葉蕨，是格外討人喜愛的小型蕨類，為該屬當中體型偏小的植物，原產於東南亞，一般最高只能長到20公分（8吋）。它植株矮小又偏好高濕度環境，很適合種在玻璃生態瓶中，也是很棒的盆栽植物，只要土壤保持濕潤就會長得很好，另外也可以固定在軟木板上做成板植，讓它攀附生長，如果選擇這麼做記得要定期噴水保濕。

　　澤瀉蕨長毛的黑色葉柄恣意四散、有高有低，葉子剛長出來時會呈淺綠色，隨著進入成熟期變成充滿光澤的深綠色，葉為二型，有的是無繁殖功能的營養葉，有的是可繁殖的孢子葉。

　　養護難易度為中等，但只要照顧得當，它就會湧泉以報；另外它偏好無直射光線的明亮處，在高濕度的環境下肯定會生機勃勃。

石松科／LYCOPODIACEAE

石杉屬 Huperzia

　　石杉屬（*Huperzia*）是充滿爭議的一屬，關於分類和哪些植物該歸哪裡，學者都各執己見，有些人傾向把該屬細分成石杉屬和馬尾杉屬（*Phlegmariurus*），有些人則認為它應該隸屬於石杉科（Huperiaceae）之下，本書選擇採用的分類是石松科下的石杉屬。

　　撇開分類不談，該屬植物的葉子為針狀或鱗狀，經過充分演化，能在各式各樣的環境生存，不管是熱帶寒帶、平地、高山、林地、樹木或岩壁都能適應，更令人讚嘆的是它們是現存歷史數一數二悠久的植物群，甚至比蕨類和大多侏羅紀植物都還要老。

難易度
新手

光線需求
半日照

澆水
中頻率 - 高頻率

栽培介質
排水性強

濕度
高濕度

繁殖
枝插法
分株法

生長型態
懸垂型

擺放位置
書架或層架

毒性
未知

Huperzia squarrosa

俗名 **杉葉石松** ROCK TASSEL FERN

有著直立莖的杉葉石松是稀有又迷人的擬蕨類植物，深受植物迷喜愛，可惜的是因為棲息地消失和過度開採而被列為瀕臨絕種的物種。它毛茸茸的淺綠莖部可以長到75公分（2呎3吋）長，會自然下垂，長出更多滿是孢子葉的分支。特別的是這種植物有醫學價值，有時會被用來治療阿茲海默症和帕金森氏症，堪稱是大自然的奇蹟。

杉葉石松有攀附和岩生的傾向，所以使用蘭花偏好的粗粒介質最合適，不僅排水性佳、空隙還能讓根系毫無阻礙地生長。它的根系小而淺，不喜歡過量的介質，所以很多苗農會先在盆器裡放保麗龍塊，再把介質倒進去，另外請盡量不要換盆，因為杉葉石松一般都禁不起這樣的折騰，幸好就算多年不換盆，它也不會有事。

要是太陽直曬，杉葉石松的葉子會曬傷，所以請放在陽光充足的地方，但避開直射日光，在野外，它通常生長在沼澤或水道附近，為了塑造同樣潮濕的環境，請定期澆水。施肥方面，在溫暖的生長季期間，可以偶爾用劑量減為4分之1的肥料和蕨類與擬蕨類專屬肥料施肥。

標本：*Nephrolepis exaltata var. bostoniensis*

腎蕨屬 Nephrolepis

　　腎蕨屬（*Nephrolepis*）是腎蕨科下唯一的一屬，包含約 30 種蕨類植物，有著如劍般的披針形蕨葉，時而挺立時而下垂。原產地遍布亞洲、非洲、中美洲和西印度群島的熱帶地區，不管是在林地或攀附樹木都可以生長。

　　該屬的拉丁名是由希臘文的「腎」（*nephros*）和「鱗片」（*lepis*）組合而成，指稱葉背上包覆孢子囊群的腎臟形孢膜。由於 19 世紀在麻薩諸塞州波士頓出現的變種波士頓腎蕨（*Nephrolepis exaltata* var. *bostoniensis*）聞名遐邇，該屬有時會被誤稱為波士頓蕨，不管你想怎麼稱呼它們，這種勇建又好養的蕨類是非常適合居家環境的植物。

Nephrolepis biserrata 'macho'

俗名 **長葉腎蕨** MACHO FERN

跟波士頓腎蕨比起來，長葉腎蕨的生命力和適應力都更強，
可說是終極版的波士頓腎蕨。
原產於佛羅里達、墨西哥、西印度群島和中南美洲，
又稱為「雙齒腎蕨」。

難易度
新手

光線需求
半日照

澆水
中頻率 - 高頻率

栽培介質
保水性強

濕度
高濕度

繁殖
分株法

生長型態
蓮座型

擺放位置
書架或層架

毒性
寵物友善

　　長葉腎蕨的寬葉會散垂而下，可以長到超過1公尺（3呎3吋）長，無論是放在花架上或是種在吊盆裡任由它垂掛，都會成為最搶眼的裝飾，不過記得要給它足夠的空間伸展。

　　如同波士頓腎蕨，長葉腎蕨也需要濕潤的盆土，但不能過濕，澆水頻率得跟著季節做調整，冬天可以少澆一點水。它的葉子比波士頓腎蕨厚，因此更耐旱，也不太會掉葉，養護起來更輕鬆，可說是好上加好。

　　雖然只要有遮蔭，長葉腎蕨在戶外也可以活得很好，但它很容易過度繁衍，所以請留意周遭環境，要種的話就種在盆器裡，確保它無法向外擴散。

Nephrolepis exaltata var. bostoniensis

俗名 **波士頓腎蕨** BOSTON FERN

成熟的波士頓腎蕨枝葉茂盛濃密、無與倫比，
只要細心照料，它就能讓所處空間綠意盎然。

難易度
綠手指

光線需求
半日照

澆水
中頻率 - 高頻率

栽培介質
保水性強

濕度
高濕度

繁殖
分株法

生長型態
蓮座型

擺放位置
書架或層架

毒性
寵物友善

對大多人來説，一説到腎蕨屬植物就會想到波士頓腎蕨，它在世界各地都是室內植物的首選。波士頓腎蕨的養護相對容易，雖然不難，但日照和濕度是非常關鍵的兩大變數，它偏好高濕度，建議一週噴兩次水並放在散射光充足的陰涼位置，你也可以把它放在裝了碎石的蓄水盤上，提高環境濕度。

盆土必須要保持濕潤，但不能積水，表面一乾掉就要澆水，到了氣溫較低、生長減緩的季節，水可以少澆一點，但要是長時間缺水，波士頓腎蕨的葉子就會枯萎，這平衡確實難以拿捏，幸好它還算頑強，就算一段時間疏於照顧，只要好好修剪、細心呵護，很快就會變得生龍活虎。

水龍骨科／POLYPODIACEAE

鹿角蕨屬 Platycerium

鹿角蕨屬（*Platycerium*）含括 19 種派頭十足的植物，原產於澳洲、非洲、南美洲、東南亞和新幾內亞，大多都是熱帶植物，但有些種類已經演化成在沙漠也能生存。幾乎每座植物園都能看到它們的身影，其威風凜凜的外表更是深受植物學家和室內植物迷的喜愛。

該屬植物的根莖短而肥厚，長出的葉有二型，基生營養葉不育，一般為盾狀，會附著在宿主樹木上，包覆根部加以保護，某些種類的營養葉頂部還會形成開口，負責收集植株所需的碎屑和水分；像鹿角一樣的孢子葉則是從根莖向外延伸，葉背長滿了孢子囊群。

Platycerium bifurcatum

俗名 **鹿角蕨** ELKHORN FERN

鹿角蕨這種附生植物原產於澳洲、新幾內亞和爪哇，
不管是上板還是種在盆內都一樣美麗，在野外，它會攀附在樹幹上，
可以長到90公分（3呎）高，寬度也能長到差不多。

難易度
新手

光線需求
半日照

澆水
中頻率

栽培介質
排水性強

濕度
中濕度 - 高濕度

繁殖
分株法

生長型態
懸垂型
叢生型
蓮座型

擺放位置
書架或層架

毒性
寵物友善

成熟的鹿角蕨是由較小的子株聚集而成，盾狀營養葉緊貼著樹幹，更薄的灰綠孢子葉則從中生出，分裂成大小不一的裂片，狀似鹿角。營養葉老了就會變成褐色，但請不要把它們剝掉，一般平均25~90公分（8~35吋）長的孢子葉長滿了柔毛，有防止水分流失和抵擋烈陽的功用。

鹿角蕨通常會上板販售，但較小的植株也可以種在盆裡，無論如何，它都偏好潮濕的環境，請養好定期澆水的習慣，在夏天只要土壤或水苔較乾就需要澆水，另外在春夏季，建議使用劑量減為4分之1的肥料施肥，同時避免直曬。

它適應力算強、隨遇而安，在低濕度環境也可以生長，但如果能潮濕一點更好。

替鹿角蕨上板的方法如下：把4根螺絲鎖在木板上（留點空間，不要鎖死），用水苔包住鹿角蕨的根系，然後整個放到木板上，用釣魚線來回纏繞水苔和螺絲加以固定，不久後，你的鹿角蕨就會長到包覆螺絲和釣魚線的。

Platycerium superbum

俗名 **巨大鹿角蕨** STAGHORN FERN

原產於澳洲的熱帶和亞熱帶地區以及印尼和馬來西亞等地，
這氣勢凌人的蕨類與近親鹿角蕨有許多相似之處。

難易度
新手

光線需求
半日照

澆水
中頻率

栽培介質
保水性強

濕度
中濕度 - 高濕度

繁殖
孢子

生長型態
懸垂型
叢生型
蓮座型

擺放位置
書架或層架

毒性
寵物友善

如同鹿角蕨，巨大鹿角蕨在野外也會攀附在樹上，有時甚至會在岩石上生長，它的體型比鹿角蕨大很多，營養葉可以長到1公尺（3呎3吋）寬，孢子葉則能長到2公尺（6呎6吋）長，從營養葉外擴生長的鹿角狀孢子葉比鹿角蕨的更寬，但葉尖還是會分叉成裂片。

在野外，植株頂端的營養葉會朝外向上展開，與樹幹形成凹槽，承接落葉、死掉的昆蟲和雨水，為植物提供鉀和鈣等必要養分，你或許有查到可以拿茶葉或香蕉皮來餵種在室內的巨大鹿角蕨，但我們並不建議你這麼做，腐敗的有機物容易招蟲、也可能會發霉長菌，因為在家中分解需要的時間太長了，只要在夏天偶爾用劑量減半的蕨類專用液肥施肥就夠了。它偏好潮濕環境和充足的散射光（也喜歡早上的陽光），小心不要澆水過度，不然很容易就會爛根，營養葉也會爛掉死亡。

巨大鹿角蕨一般都是上板販售，很難繁殖，不像鹿角蕨可以輕鬆分株，所以大多苗農都會採用孢子繁殖的方式，方法如下：先用熱水消毒要使用的容器（盆器或育苗盤皆可）和足夠的椰纖，孢子會長在孢子葉的背面，一開始是綠色，等到成熟就會長毛並呈褐色，想收集孢子的話，等孢子成熟後就可以剪下部分蕨葉，收進紙袋裡。等到蕨葉風乾，你就可以用手指輕輕地把孢子撥下來，均勻地鋪在椰纖上，不要把孢子埋起來，輕輕下壓即可，建議用玻璃片或塑膠蓋蓋住容器，保護孢子，以保持整潔和高濕度。請將容器放在有充足散射光的溫暖位置，在底下墊裝水的底盤，好讓椰纖保持濕潤又不會動到孢子，幾個月後（耐心是美德），巨大鹿角蕨寶寶就會誕生，大約一年後你就可以把玻璃片或塑膠蓋收起來，將植株上板或種入盆中了。

棕櫚科／ARECACEAE

荷威椰子屬 Howea

荷威椰子屬（*Howea*）僅包含 2 種棕櫚植物：荷威椰子（*Howea belmoreana*）和澳洲椰子（*Howea forsteriana*），皆是位在澳洲東岸外海的人間天堂豪爵島的特有種。最早可追溯到 1770 年代末，這座原本杳無人跡的島嶼雖小，但生態環境多變，有著形形色色的特有動植物，上述兩種棕櫚植物連同其他物種由探險家和植物學家帶回歐洲，到了 19 世紀成了極為暢銷的植物。

該屬植物直至今日風潮不減，荷威椰子的葉子彎度較大，樹冠呈傘狀，一般生長在高緯度地區，較為耐寒；而澳洲椰子（請見右圖）的葉子則更筆挺，在島上的低緯度森林比較常見。

難易度
新手

光線需求
半日照

澆水
中頻率

栽培介質
排水性強

濕度
低濕度 - 中濕度

繁殖
種子

生長型態
直立型

擺放位置
地板

毒性
寵物友善

Howea forsteriana

俗名 **澳洲椰子** KENTIA PALM

　　澳洲椰子是荷威椰子屬中較受歡迎的種類，姿態優雅，有著柔軟的深綠葉片，能適應居家環境。在野外，它能長到15公尺（50呎）高，在室內則因生長速度較緩慢而不致於長得太過高大。

　　它偏好養分充足、排水性佳的土壤，所以在溫暖的季節要記得每兩週就用液肥施肥一次，澆水方面，它需要的水量為中等，等到表層5公分（2吋）的土乾了再澆水即可，如同大多室內植物，它也喜歡淋雨，這是喝到乾淨的水的好機會，還可以沖走土中過多的鹽分並清潔葉子，不過要記得在太陽出來前把盆栽移回室內，免得不小心害葉片被曬傷。

　　澳洲椰子會受到介殼蟲和粉介殼蟲侵擾，因此請定期留意葉子的狀況，要是發現任何不速之客，就用水沖洗一下並噴上環保油，之後每週都要檢查一遍，重複同樣步驟直到害蟲消失。它只能靠種子繁殖，不過買來的盆栽有時會不只1株，如果你有看到2個樹幹就可以直接分成2盆。

棕櫚科／ARECACEAE

蒲葵屬 Livistona

蒲葵屬（*Livistona*）原產於亞洲、澳大拉西亞和非洲部分地區，在19世紀初由人在澳洲的植物學家羅伯特・布朗（Robert Brown）初次發表，不過該屬的名稱是向利文斯頓（Livingstone）男爵派翠克・莫瑞（Patrick Murray）致敬，他包羅萬象的植物收藏為愛丁堡皇家植物園奠定了基礎。蒲葵屬隸屬於棕櫚科，包含超過30種植物，例如大受歡迎的澳洲蒲葵（*Livistona australis*）和右圖的蒲葵（*Livistona chinensis*）。

難易度
新手

光線需求
半日照
全日照

澆水
中頻率

栽培介質
排水性強

濕度
低濕度 - 中濕度

繁殖
種子

生長型態
直立型

擺放位置
地板

毒性
寵物友善

Livistona chinensis

俗名 **蒲葵** CHINESE FAN PALM

蒲葵有著寬而綠的扇形葉，是婀娜多姿的庭園樹，原產於中國和日本，它能長到12公尺（40呎）高，成熟葉則會分裂下垂，搖曳生姿。在室內，只要照顧得當，它可以長到3公尺（10呎）高，所以請放在可以讓它大展熱帶風情的位置。

它的養護相對簡單，每天需要曬上數小時的直射光，剩下的時間只要充足的散射光就夠了。它生長速度緩慢，想給它一點助力的話可以在春夏季每個月施肥一次，澆水方面，需要的水量中等，等表層5公分（2吋）的土乾了就可以澆水，小心不要一次澆太多，不然很容易爛根，免疫力也會下降，受到害蟲侵擾，你可以適時清潔葉面和噴水，提高濕度，驅除害蟲。

葉尖褐化通常代表水分不夠，市售的棕櫚植物為了長到一定尺寸肯定都種了好幾年，土壤養分已經流失得差不多了，因此通常會產生斥水性，解決方法就是使用有機土壤水分展濕劑或是換新的土。

觀葉植物

棕櫚科／ARECACEAE

棕竹屬 Rhapis

　　棕竹屬（*Rhapis*）又名觀音竹，包含大約 10 種植物，原產於東南亞，栽培長達數世紀之久，屬名取自希臘文的「針」，應該是指稱窄長的葉子或是尖細的葉尖。

　　棕竹屬是扇葉棕櫚樹的一種，跟其他棕櫚植物比起來較矮小，所以非常適合作為室內植物，該屬中最高大的植物是筋頭竹（*Rhapis humilis*），在戶外能長到約 5 公尺（16 呎）高，而右圖常見的觀音棕竹（*Rhapis excelsa*）只能長到 4 公尺（13 呎）高，葉子基本上都是掌狀，只有薄葉棕竹（*Rhapis subtilis*）的葉子特別細長嬌貴。除了上述的種類，還有一些獨特又稀有的栽培品種，像是帶有白色條紋或黃色斑葉的觀音棕竹。

難易度
新手

光線需求
半日照

澆水
中頻率

栽培介質
排水性強

濕度
低濕度

繁殖
分株法

生長型態
直立型

擺放位置
地板

毒性
寵物友善

Rhapis excelsa

俗名 **觀音棕竹** LADY PALM

最常見的棕竹屬植物非勇健的觀音棕竹莫屬，它小巧的綠葉從纖維葉鞘長出，就像綻放的煙火，由於叢生的習性，它在戶外能長到的寬度跟高度一樣，但因為生長緩慢，價格通常會比其他棕櫚植物高，不過別因此打退堂鼓，它是生命力很旺盛的植物，不需要多加費心就能長到一定的大小。

觀音棕竹偏好無直射光線的明亮處，但也能忍受低光環境，只要避開直射烈陽，以免葉子曬傷就行了。它對於濕度沒那麼講究，但請遠離暖氣，要是感覺環境很乾燥，也可以偶爾噴點水；澆水方面，它需要的水量中等，等表層5公分（2吋）的土乾了再澆水，不要等到土全乾，不然葉子會褐化。如同大多棕櫚植物，它對養分的需求也不高，不過要是發現葉子發黃，可以加點新土或是劑量減半的液肥。如果希望植株整齊美觀，可以修剪褐化乾枯的葉子，假如新葉看起來奄奄一息，可能代表受到真菌感染，最好把感染的莖幹全剪掉，以防進一步擴散。

澤米蘇鐵科／ZAMIACEAE

鱗葉蘇鐵屬 Lepidozamia

　　鱗葉蘇鐵屬（*Lepidozamia*）是澳洲特有種，只包含 2 種植物：*Lepidozamia hopei* 和右圖的裴氏鱗木澤米蘇鐵（*Lepidozamia peroffskyana*），隸屬於廣義的澤米蘇鐵科，它們看起來更像蕨類或棕櫚植物，但其實是蘇鐵類植物。

　　鱗葉蘇鐵屬植物生長在新南威爾斯州和昆士蘭的潮濕雨林，作為庭園和室內植物廣為栽培，如果想要為植物收藏增添古樸氛圍，選比較適合居家環境的幼年期植株就對了。

難易度
新手

光線需求
半日照

澆水
低頻率

栽培介質
砂質粗石

濕度
低濕度

繁殖
種子

生長型態
叢生型

擺放位置
桌面

毒性
有毒

Lepidozamia peroffskyana

俗名 **裴氏鱗木澤米蘇鐵** SCALY ZAMIA

　　裴氏鱗木澤米蘇鐵微微下垂的深綠葉子富有光澤，配上有著鱗片狀樹皮的棕色樹幹，等到完全成熟，外觀會跟棕櫚樹非常相似。它在野外是數一數二高大的蘇鐵類植物，可以長到7公尺（23呎）高，雌雄毬果會從位在50公分（20吋）高處的葉叢中心抽出，呈螺旋狀向上盤旋、釋放花粉，達到1公尺（3呎3吋）高。沒有樹幹和毬果的幼株更適合空間有限的住家，要特別留意的是種子

有毒，但就尚未成熟的小型室內品種來說應該不需要擔心。

　　在野外，裴氏鱗木澤米蘇鐵通常在砂質土壤生長，在室內，它很耐旱，也不太需要施肥，但要是發現土快乾了，最好還是澆點水。建議把它放在無直射光線的明亮處並留意介殼蟲，假如有發現蹤跡就立即清理掉，噴灑環保油。雖然生長速度緩慢，只要照顧得當，它就能活上好幾年，為家中帶來獨特的原始氣息。

茅膏菜科／DROSERACEAE

茅膏菜屬 Drosera

茅膏菜屬（*Drosera*）包含將近 200 種植物，是食蟲植物中數量極多的一屬，遍布除了南極洲以外的地區，生命力頑強，由於生長環境缺乏養分，便演化出以昆蟲為食的習性。其英文俗名「sundew」指的就是該屬植物葉子上有如露水的黏液，作為吸引捕獲獵物之用。

它們通常呈蓮座型生長，但大小不一，從 1 公分（1/2 吋）到 1 公尺（3 呎 3 吋）高都有，外觀各異，例如有著湯匙狀粉紅葉的大肉餅毛氈苔（*Drosera falconeri*）、細葉帶花邊的好望角毛氈苔（*Drosera capensis*）和長得就像海洋動物的寬銀毛氈苔（*Drosera ordensis*），這個充滿驚奇的屬絕對會讓你深深著迷，達爾文就曾在信中寫道「比起所有物種的起源，我對茅膏菜屬更感興趣」。

難易度
專家

光線需求
半日照
全日照

澆水
高頻率

栽培介質
保水性強

濕度
中濕度

繁殖
葉插法
分株法

生長型態
蓮座型

擺放位置
窗台

毒性
毒性一般

Drosera sp.

俗名 **毛氈苔** SUNDEW

　　毛氈苔有著長得像觸手的葉子，會分泌有甜味的黏液來吸引獵物，加以捕獲，有些觸手還會主動抓住獵物或是迅速將牠們掃進植株中心，而在 15 分鐘內昆蟲不是氣力用盡而死，就是被黏液淹死，植物接著會分泌酵素，將昆蟲分解，吸收養分。毛氈苔的花長得很高，這樣才能避免肩負重責大任的授粉昆蟲掉進陷阱裡。

　　大多毛氈苔需要全日照環境，某些則只要散射光充足的位置就滿足了，如果你的植物是養在戶外，記得要放在可以遮風又不會過度曝曬的地方。澆水方面，請用蒸餾水，土壤要保持濕潤，你可以把盆栽放在蓄水盤上，這樣土就不會乾掉。

　　假如是養在室外，毛氈苔會自己捕食，但在室內的話就必須拿殘翅果蠅等的小型昆蟲餵它，每個月餵個幾次就行了。千萬不要施肥，它所需的養分都來自捕獲的獵物，施肥可能會傷到脆弱的根系。想繁殖的話，大多毛氈苔都可以靠分株或是連同小段葉柄將葉子剪下，放在蒸餾水中，幾個禮拜後就會看到小苗冒出。

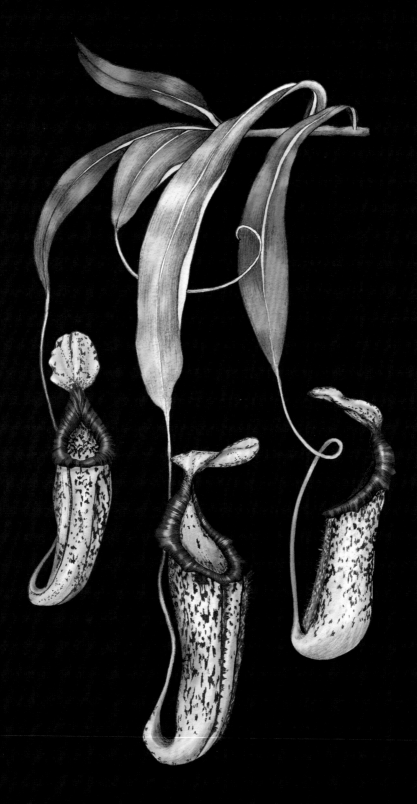

樣本：*Nepenthes sibuyanensis* × *talangensis* (× red dragon)

豬籠草科／NEPENTHACEAE

豬籠草屬 Nepenthes

　　豬籠草屬是豬籠草科中唯一一屬，特徵就是從葉尖長出的瓶狀捕蟲囊，該屬植物根系淺，大多為陸生，但也有少數是附生或岩生植物。在野外，它們細長捲曲的莖蔓會沿著樹木攀爬而上，少數種類則是緊緊貼附地面。

　　捕蟲囊的形狀一般介於圓筒和管狀之間，狀似陽具，通常會長出 2 種：位於植株底部的下位瓶和位置在上方、莖蔓會纏繞樹枝以支撐植株的較大型上位瓶。昆蟲和蛛形類（有時也會有老鼠等更大型動物）會被捕蟲囊的顏色、蜜汁和香味吸引，飛進或掉進裡面，再被細毛、蠟質內壁和黏液困住，進而分解，成為植物的養分。雖然人類不會掉進死亡陷阱，但我們對於它們的魅力也是無法招架。

Nepenthes sp.

俗名 **豬籠草** PITCHER PLANTS

豬籠草有超過170種奇異特殊的種類，
算上自然生成和栽培出來的雜交種就更多了，因此在辨別上相當困難，
就連園藝學家都傷透腦筋。

難易度
專家

光線需求
半日照
全日照

澆水
高頻率

栽培介質
排水性強

濕度
高濕度

繁殖
枝插法

生長型態
攀緣型

擺放位置
有遮蔽的陽台

毒性
毒性一般

豬籠草的產地遍布世界各地，大多種類出現在婆羅洲、蘇門答臘和菲律賓，在澳洲、中國、印度、印尼、斯里蘭卡、馬來西亞、馬達加斯加、塞席爾和新喀里多尼亞也有少數種類，某些種類則是只出現在特定地區，像是狄恩豬籠草（*Nepenthes deaniana*）就只會生長在菲律賓的拇指山山峰上，而有些種類，例如奇異豬籠草（*Nepenthes mirabilis*），在各個國家都能見到。

豬籠草可以大致分為「高地種」和「低地種」，低地種生活在炎熱潮濕的環境，而高地種則偏好日暖夜涼的氣候。基本上，它們都喜歡潮濕但通風良好的空間，氣溫過高或過低都不行，也要避開出風口。比起自來水，它們更偏好雨水或蒸餾水，另外千萬不能使用化學肥料或亮葉劑。植株的土壤需要保持濕潤，但排水性要好；日照方面，它們喜歡可以照到大量柔和直射光的明亮處，以促進捕蟲囊生長。豬籠草的繁殖可以使用種子或採用枝插法，請把枝條插在消過毒的濕潤椰纖裡，放置在密閉的潮濕環境中（用玻璃片等東西蓋上），應該一到兩個月後就會發根，六個月後就會長出捕蟲囊了。

這種植物不太適合剛入門的新手，但還是有些養護較簡單的種類可以選，像是大豬籠草（*N. maxima*）、辛布亞島豬籠草（*N. sibuyanensis*）、葫蘆豬籠草（*N. ventricosa*）。對於早期探險家和植物學家來說，豬籠草的百變風貌令人著迷，時至今日，它們依然受到世界各地收藏迷的青睞。

如同所有植物，從原產地盜採販售是錯誤的行為，請跟信譽良好的苗圃購買。

辛布亞島豬籠草×塔藍山豬籠草（×紅龍豬籠草）（*Nepenthes sibuyanensis* × *talangensis*（×red dragon））

豬籠草

瓶子草科／SARRACENIACEAE

眼鏡蛇草屬 Darlingtonia

眼鏡蛇草屬（*Darlingtonia*）只包含一種食蟲植物：眼鏡蛇瓶子草（*Darlingtonia californica*），原產於加州北部和奧勒岡州南部，這種食蟲植物跟同屬瓶子草科、隸屬太陽瓶子草屬（*Heliamphora*）和瓶子草屬（*Sarracenia*）的種類很類似，不同之處在於它的形狀非比尋常，如同昂首吐舌的眼鏡蛇，連分岔的舌頭都唯妙唯肖。如同所有有捕蟲囊的植物，它會利用蠟質內壁和位置恰到好處的細毛困住獵物，還有隱藏起來的假出口來讓對方迷失方向。儘管在高地和低地都能生存，眼鏡蛇瓶子草只生長在附近或地底有冰涼的水流經的地方，另外眼鏡蛇草屬植物在野外的數量最近期的評估是在 2000 年 6 月做的，所以目前原產地的數目難以估計。

難易度
專家

光線需求
半日照
全日照

澆水
高頻率

栽培介質
保水性強

濕度
低濕度

繁殖
枝插法
分株法

生長型態
叢生型

擺放位置
有遮蔽的陽台

毒性
寵物友善

Darlingtonia californica

俗名 **眼鏡蛇瓶子草** COBRA LILY

眼鏡蛇瓶子草種植不易，但它的美絕對值得，捕蟲囊可能是淺綠、紅色或是兩者交雜，而「舌頭」的部分則會分泌能吸引獵物的誘人蜜汁，它開出的美麗花朵比捕蟲囊還要高大，用意就是吸引授粉昆蟲過來。

它的根系要保持涼爽濕潤，營造如原產地的環境。並用蒸餾水定期澆水，在盆器下面放蓄水盤，免得土壤乾掉，在天氣熱時，可以把冰塊鋪在土上，替根系降溫，就算是晚上，它也需要氣溫較低的環境。

它偏好充足的散射光，另外只要不會太熱，直射光也可以，因為它已經習慣在養分不足的沼澤生存，所以不需要施肥，但需要吃昆蟲才能長大，如果你是養在室內的話，記得要開窗讓昆蟲飛進來。

到了冬天，它通常會停止生長並儲備能量，等天氣回暖再發芽。你可以選在休眠期快結束時進行繁殖（植株要夠大），直接分株或剪下帶有子株和根的匍匐莖，把莖段插入消毒的椰纖，放置在極度潮濕的環境，定期用冷水澆水即可。

捕蠅草屬 Dionaea

　　達爾文曾寫道「捕蠅草是世界上最神奇的植物之一」，我們非常贊同，他所說的是茅膏菜科下捕蠅草屬（*Dionaea*）中唯一的植物，與它關係最近的就是同科的茅膏菜屬（請見 286 頁）和貉藻屬（*Aldrovanda*）。

　　捕蠅草屬植物受到刺激就會移動，其他有同樣特性的植物包括被觸碰或吹動的話葉子就會閉合的含羞草（*Mimosa pudica*）和加拿大草茱萸（*Cornus canadensis*），其花瓣會展開，以不可思議的速度噴出花粉；就捕蠅草屬植物來說，昆蟲會觸發捕蟲夾內側的感覺毛，促使葉子緊緊閉合，將昆蟲分解吸收。

難易度
專家

光線需求
全日照

澆水
高頻率

栽培介質
排水性強

濕度
高濕度

繁殖
葉插法
分株法

生長型態
蓮座型

擺放位置
有遮蔽的陽台

毒性
寵物友善

Dionaea muscipula

俗名 **捕蠅草** VENUS FLY TRAP

捕蠅草是在苗圃最常見的食蟲植物之一，原產地只有美國北卡羅來納州和南羅來納州的少數地區，因生長在養分不足的沼澤而演化出靠食用昆蟲和蛛形類取得養分的習性，不幸的是由於過度開發的關係，在野外已經瀕臨絕種。

嬌小的捕蠅草通常最高不會超過 10 公分（4 吋），不過開出的嬌柔小花倒是常高過葉子和捕蟲夾。捕蟲夾會長在部分葉柄的末端，呈萊姆綠或紅色，其內側的感覺毛會提醒植物有獵物來了，要是有一根感覺毛在短時間內被觸碰 2 次或是 2 根感覺毛在 20 秒內都被碰到，捕蟲夾就會馬上閉合，其邊緣的刺毛則能有效困住獵物，等到消化完畢，捕蟲夾就會重新打開，繼續守株待兔。要注意的是捕蟲夾在被觸發 2 到 3 次後就會壞死，所以請克制自己的好奇心，不要去碰它，在沒有捕到獵物的情況下閉合次數過多的話，整株植物很容易就會衰弱死亡。它生長速度緩慢，需要大量陽光和潮濕的土壤，雖然會捕食昆蟲，但對於貓狗來說是無害的。

瓶子草科／SARRACENIACEAE

瓶子草屬 Sarracenia

　　這種嬌豔的食蟲植物通常有修長的瓶狀捕蟲囊，頂端則有蓋葉，因而得名，在春天還會長出傘狀的下垂花朵。該屬包含大約 10 種植物，全都原產於美國和加拿大，可惜的是因棲息地消失和切花切葉產業的影響，它們的數量大幅減少。瓶子草屬植物只有少數較為知名，但也有許多自然生成或培育出來的雜交種，因此辨別上較為困難。

　　瓶子草屬植物會利用亮麗的色澤、花紋和香甜的蜜汁吸引獵物，不疑有他的受害者會在瓶口失足掉落到瓶中的黏液裡，在蠟質內壁、朝下的細毛圍困下動彈不得，慢慢被分解掉。

難易度
專家

光線需求
全日照

澆水
高頻率

栽培介質
保水性強

濕度
中濕度

繁殖
分株法

生長型態
叢生型

擺放位置
有遮蔽的陽台

毒性
寵物友善

Sarracenia sp.

俗名 **瓶子草** TRUMPET PITCHERS

從白網紋瓶子草（*Sarracenia leucophylla*）、偏球形的紅色薔薇瓶子草（*S. rosea*）到瓶身橫臥的鸚鵡瓶子草（*S. psittacina*），瓶子草有諸多種類，栽培品種和雜交種更是數不勝數，然而種植起來難度相當高，要是失敗，請不要氣餒。

瓶子草一天至少需要照滿 5 到 6 小時的直射光，剩下時間則是需要充足的散射光，日照越不足，植株的色彩就會越黯淡，更重要的是植物也會變得衰弱，建議放在陽台或是光線充足的窗台上。在戶外，它可以自己捕捉昆蟲來吃，但要是養在室內，在春夏季每個月都要餵昆蟲給它吃，它才能取得需要的養分。澆水方面，瓶子草喜濕，但不是自來水，而是雨水和蒸餾水，可以在盆器底下放蓄水盤或碗，確保水有盆器的一半，從底下給水，這樣也能提高環境濕度，等到了冬天就不需要給那麼多水，只需要確保盆土保持濕潤即可。

瓶子草偏好溫暖環境，但在冬天仍需要三到四個月的低溫來休眠，睡個美容覺，等到冬末，建議稍微修剪一下葉子、捕蟲囊和花朵，讓陽光可以照到春天冒出的新芽，如同所有的食蟲植物，它偏好貧瘠的土壤，所以可以選用椰纖介質。

仙人掌 +
多肉植物
CACTI +SUCCULENTS

仙人掌科／CACTACEAE

六角柱屬 Cereus

六角柱屬（*Cereus*）原產於南美洲，包含超過 30 種柱狀仙人掌，從 10 公尺（33 呎）高的灌木型六角柱（*Cereus repandus*，請見 306 頁）到體型較小、多節的大輪柱石化（*Cereus hildmannianus* 'monstrose'）等，在春末還會開出只在晚上綻放、曇花一現的美麗花朵，其果實為圓形或橢圓形，色彩鮮豔，與六角柱屬仙人掌綠中帶灰的莖幹形成對比，某些種類的果實還可以食用。

六角柱屬仙人掌會在晚上開花，是為了配合夜行性授粉生物的習性，例如蛾和蝙蝠，另外因為開花很費力氣，這麼做也是為了減少水分流失，有同樣特性的仙人掌還包括西施仙人柱（*Selenicereus grandiflorus*），這種攀緣植物開出的花為深橘或白色。

Cereus hildmannianus 'monstrose'

俗名 **大輪柱石化** MONSTROSE APPLE CACTUS

大輪柱石化有著如同盤根錯節的波浪狀莖幹，
與同屬仙人掌相比與眾不同。

難易度
新手

光線需求
全日照

澆水
低頻率 - 中頻率

栽培介質
砂質粗石

濕度
乾燥

繁殖
枝插法

生長型態
直立型

擺放位置
桌面

毒性
寵物友善

大輪柱石化又名鬼面角，在戶外可以長到 7 公尺（23 呎）高，但室內品種一般會維持低矮外觀，因此通常只有種在戶外的成熟植株會開花。這些有時帶有粉紅色澤的白色小花會在晚上綻放，如果你夠幸運的話，早上起來或許還看得到。在原產地巴西，它的花會吸引蜂鳥、蝙蝠和昆蟲等生物來授粉，結出粉紅色的果實，據説味道跟火龍果很像。

這種仙人掌需要大量的直射光，所需的水量則中等偏低，如果想要繁殖可以採用枝插法，要先確保芽體切口有乾燥癒合才能種進土裡。因為尖刺的關係，記得把它放在不會輕易觸碰到的地方，在繁殖或換盆的時候也要小心，要配戴厚手套、動作輕柔。

Cereus repandus

俗名 **六角柱** PERUVIAN APPLE CACTUS

會說出「尺寸不重要」的人肯定沒見過六角柱，
這高大又有稜有角的柱狀仙人掌在原產地南美洲雖如同雜草般隨處可見，
卻是世界各地仙人掌迷的心頭好，
因此堪稱是全球最廣為栽培的六角柱屬仙人掌，
也是相當出色的觀賞植物。

難易度
新手

光線需求
全日照

澆水
低頻率 - 中頻率

栽培介質
砂質粗石

濕度
乾燥

繁殖
枝插法

生長型態
直立型

擺放位置
地板

毒性
寵物友善

憑著直立生長的習性和驚人的高度，六角柱常被種在庭園作為圍籬之用，其粗壯的莖幹在戶外可以長到 10 公尺（33 呎）高，不過幸好在室內相對較矮，話雖如此，最好還是把這生命力旺盛的仙人掌種在堅固的盆器中，這樣不管長多高都不怕。

除了搶眼的莖幹，六角柱的果實也能食用，如同其英文俗名「秘魯蘋果仙人掌」所示，它會結出暱稱為秘魯蘋果的紅色果實，有著美味的白色果肉。

如同照顧大多仙人掌，養護六角柱的關鍵就是見好就收，對這以沙漠為家的植物來說，唯一不能妥協的一點就是充足的日照，要是日照不足，生長就會減緩、植株發黃，你也可能會發現它為了尋找陽光而開始傾斜。澆水方面，在生長期要等砂質土全乾了再澆透，隨著天氣轉涼也要降低澆水的頻率。

綠之鈴（Curio
rowleyanus）

翡翠珠屬 Curio

　　翡翠珠屬是菊科的新成員，包含大約 20 種之前被歸類為黃菀屬（*Senecio*）的開花植物，取名自拉丁文的「好奇」，該屬確實含括了各種新奇有趣的多肉植物，而其中在室內植物市場佔有一席之地的就是一群不修邊幅的懸垂型植物，又稱匍匐莖多肉，包括嬌嫩的綠之鈴（string of pearls）和神似海豚的三爪上弦月（string of dolphins）等等，只要照顧得當，它們都能在室內欣欣向榮，為你的收藏增添一股怪奇氛圍。

　　該屬植物是蒲公英的遠親，原產於南非炎熱乾燥的區域，演化出奇形怪狀的葉子來因應嚴酷的生存環境，弦月（*Curio radicans*）香蕉狀的肉質葉在多肉植物中最常見，而綠之鈴的青豆狀葉子雖然更特殊，耐旱能力卻略勝一籌，等到成熟期，開出芬芳的花朵後，你就能理解它們為何是菊科的一員。

Curio radicans

俗名 **弦月** STRING OF BEANS　異學名 *senecio radicans*

比起其他更難搞的匍匐莖多肉，
弦月這種懸垂型多肉植物在原產地南非的乾燥和熱帶地區都能生存，
它偏好溫暖氣候，在春夏季生長速度飛快。

難易度
新手

光線需求
半日照

澆水
低頻率

栽培介質
砂質粗石

濕度
乾燥

繁殖
枝插法

生長型態
懸垂型

擺放位置
書架或層架

毒性
有毒

　　弦月有著彎彎的飽滿肉質葉，狀似豌豆、香蕉或釣鉤（因而衍生出許多別名），可以長到約 2.5 公分（1 吋）長，這些葉子長在細長的匍匐莖上，優雅地垂掛在盆器邊緣，為室內綠洲帶來不一樣的風采，放在層架上或種在吊盆裡都是很棒的選擇，而終年會開出的白色小花甚至還有濃濃的肉桂香。

　　只要有了健壯的根系，弦月還算耐旱，等到大多的土都乾了再澆水即可，要是發現莖部和葉子發皺，那就代表嚴重缺水，想避免這種情況的話最好拿捏好澆水的頻率。

　　弦月的繁殖很簡單，如果植株頂部有點光禿禿的或是你希望它變得更茂密，可以剪下匍匐莖插回盆內，或是以繞圈圈的方式平鋪在盆器內也可以。

　　在溫暖的春夏季，每個月都要施肥，等到天氣變冷就暫停；它的根系較淺，並不需要定期換盆，只要確保盆器夠重，足以支撐不斷生長的匍匐莖即可。

綠之鈴錦（*Curio rowleyanus* 'variegata'）

Curio rowleyanus

俗名 **綠之鈴** STRING OF PEARLS 異學名 *Senecio rowleyanus*

綠之鈴原產於非洲西南部，生長在岩縫和其他植物之間以躲避直射日光，在野外，其匍匐莖會向外延伸，一找到土地就扎根，長成厚厚的植被。

難易度
綠手指

光線需求
半日照

澆水
低頻率

栽培介質
砂質粗石

濕度
低濕度

繁殖
枝插法

生長型態
懸垂型

擺放位置
書架或層架

毒性
有毒

作為室內植物，綠之鈴以成串的珍珠狀葉子受人喜愛，映著陽光從盆緣垂墜而下的模樣更是美如畫，它看似柔弱，但事實上生長速度極快，在理想狀況下，一下就能長到約 90 公分（3 呎）長。

綠之鈴的葉子將能貯存的水量最大化，同時縮減會受到烈日直曬的表面積，減少水分流失，如同其他同屬的植物，葉子表面有透明的葉窗，讓陽光可以照射進去行光合作用，避免在炎熱的原產地因過熱而死。

它除了需要充足光線，一天至少要曬數小時的直射光，以早上最為合適，如果匍匐莖徒長、葉子越長越小，那就好好修剪一番即可，也可以把健康的莖段剪下來插回盆內，讓植株更茂密，等到夏天，它會開出一簇簇類似菊花的白色小花，香氣迷人。

Curio talinoides var. *mandraliscae*

俗名 **藍粉筆** BLUE CHALK STICKS

這外表時尚的多肉植物同樣自南非，偏好溫暖氣候、
充足陽光和排水性佳的介質，如同其他灰藍色的多肉，
種在戶外的話基本上不怎麼挑剔，但要是養在室內，
脾氣就會變得有點難以捉摸，一般都是日照不足的關係。

難易度
綠手指

光線需求
全日照

澆水
低頻率

栽培介質
砂質粗石

濕度
乾燥

繁殖
枝插法

生長型態
叢生型

擺放位置
窗台

毒性
有毒

　　只要放在大半天都照得到直射光的明亮處，藍粉筆在室內也可以長得很好，不然也可以種在室外或是作為耐旱植栽庭園的地被植物。

　　藍粉筆有別於其他懸垂型的近親，是叢生型的低矮灌木，葉子筆直，有著夢幻的銀藍色澤。它的生長速度緩慢，最高只能長到約 30 公分（12 吋），所以不太需要修剪，等到想維持一定尺寸或提升濃密度時再適度修整。

　　澆水方面，它需要的水量不多，等到土全乾了再澆；如同所有多肉植物和仙人掌，它也不太需要肥料，趁著生長季使用劑量減半的液肥施肥個 3 到 4 次就可以了。

仙人掌科／CACTACEAE

黃金柱屬 Winterocereus

　　身為管花柱家族的成員之一，黃金柱屬（Winterocereus）以柱狀仙人掌為主，會開出擁有雙花被（包覆花蕊的構造）的特殊花朵，原產於玻利維亞、秘魯和阿根廷，主要由鳥類授粉，而非昆蟲。

　　有些資料宣稱右圖的黃金柱（*Winterocereus aurespinus*）是該屬唯一的植物（這或許就能說明該屬的資料為何這麼少，但這點還有待商榷），它原本被歸類在管花柱屬（*Cleistocactus*）之下，取名自希臘文「*cleistos*」，意指「封閉」，指稱這種植物的花瓣並不會完全展開。

　　管花柱屬植物變動極大，隨著日後更多研究和DNA 定序的進行，肯定還會有變化。

難易度
新手

光線需求
半日照
全日照

澆水
低頻率

栽培介質
砂質粗石

濕度
低濕度

繁殖
枝插法

生長型態
叢生型

擺放位置
書架或層架

毒性
寵物友善

Winterocereus aurespinus

俗名 **黃金柱** GOLDEN RAT TAIL 異學名 *Cleistocactus winteri*

黃金柱又名黃金鈕，是很愛放飛自我的仙人掌，修長的莖幹可以長到1公尺（3呎3吋）長，從緊密的塊狀基部長成彎曲倒懸的模樣，如同梅杜莎的蛇髮，上頭滿是金黃色的短刺，搭配亮麗的橘紅花朵，絕對是自成一格的存在。有別於大多仙人掌，因為有著往地面延伸的金黃莖幹，反而很適合擺放在層架上。

雖然外表充滿異國風情，黃金柱栽培起來卻相當簡單，就算是菜鳥也能輕鬆上手，它需要充足光線和適度的直射光，請避免午後直曬；澆水方面，春夏季要定期澆水，但請等到土乾透再澆，冬天則可以大幅降低澆水頻率。如同大多養在室內的仙人掌，它很容易受到躲在短刺間的介殼蟲和粉介殼蟲侵擾，最主要的原因就是屋內並不像戶外一樣在溫度和生長環境上有劇烈的變化，所以請定期檢查是否有不速之客入住。

標本：*Aloe vera*

阿福花科／ASPHODELACEAE

蘆薈屬 Aloe

有稜有角又成員眾多的蘆薈屬（*Aloe*）包含超過 500 種植物，原產於非洲、阿拉伯和約旦部分地區以及印度洋的小島，大多蘆薈屬植物為葉根生，肉質葉呈蓮座狀，只有少數種類有主幹，頂生的管狀花則以亮橘、紅和黃色為主。

雖然大多人對於蘆薈（*Aloe vera*）的療效都很熟悉，其他種類，例如令人目眩神迷的螺旋蘆薈（*Aloe polyphylla*，請見 323 頁）、葉緣帶有鋸齒的不夜城蘆薈（*Aloe perfoliata*）和鐵灰色的青刀錦（*Aloe hereroensis*）也都是極具觀賞價值的植物。

Aloe × 'Christmas carol'

俗名 **聖誕卡羅蘆薈** CHRISTMAS CAROL ALOE

聖誕卡羅蘆薈的綠葉長滿紅刺，狀似海星，
光是外表就讓人感受到濃厚的聖誕氣息。

難易度
新手

光線需求
半日照
全日照

澆水
低頻率

栽培介質
砂質粗石

濕度
低濕度

繁殖
側芽

生長型態
蓮座型

擺放位置
窗台

毒性
毒性一般

聖誕卡羅蘆薈在秋天會開淡紅色的花，對這無比鮮豔的植物來講可以說是畫龍點睛，它生長速度緩慢，植株小巧，高度和寬度最多只會到 30 公分（12 吋），是非常適合養在室內的蘆薈。

它所需要的水量偏少，成熟後更是耐旱，澆水的時候記得要澆透，讓多餘的水從盆器底部的排水孔流出，等到土全乾再澆水即可；日照方面，它需要直射日光，所以請放在窗台或陽台，如果所在地區氣溫會降到零度以下，那記得冬天時把它擺回屋內。

如果想要繁殖聖誕卡羅蘆薈，可以靠它長出的側芽，如同所有多肉植物，記得要先讓剪下來的側芽（或芽體）風乾好幾天再種回盆內，以免發生細菌感染的狀況。

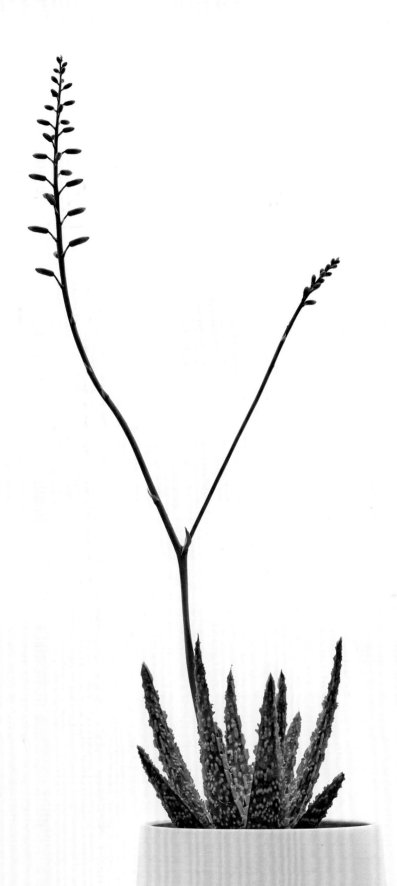

Aloe polyphylla

俗名 **螺旋蘆薈** SPIRAL ALOE

讓人嘆為觀止的螺旋蘆薈是位於南非的小小王國賴索托的特有種，
在該地為瀕臨絕種的物種，
成熟植株的飽滿肉質葉會螺旋排列、呈蓮座狀。

難易度
新手

光線需求
半日照
全日照

澆水
中頻率

栽培介質
砂質粗石

濕度
乾燥

繁殖
種子

生長型態
蓮座型

擺放位置
桌面

毒性
有毒

　　螺旋蘆薈有著鋸齒狀的灰綠葉子、葉尖為褐色，因為無莖，所以植株矮小，但充滿幾何美感的外觀絕對難以忽視，要留意的是它比同屬植物還要講究生活品質，不過如果你有幸擁有它，肯定會照顧得無微不至。

　　與其他多肉植物不同的是它因為經過演化，適應了較涼爽潮濕的山區環境，變得更為耐寒、不怕霜雪，所以需要的水量為中等，澆水時請盡量朝土澆，避開植株中心，免得水積在裡面，另外在種植時不要把植株擺正，稍微傾斜一點，這樣水才不容易積在基部，你也可以欣賞美麗的螺旋圖形。

　　在生長季可以使用劑量減半的液肥施肥，如果想讓植株更整齊，可以適時從基部修剪老葉，移動的時候也要小心不要被尖銳的刺弄傷了。

方塔（*Crassula* 'Buddha's temple'）

這長相奇特的雜交種是由擔任美國加州漢庭頓植物園園長的植物學家麥隆・基納（Myron Kimnach）於1950年代培育而成，其葉片堆疊成塔，頂端還會開出碩大成簇的鮮豔花朵，如同藝術品般，堪稱是幾何美學的典範。

景天科／CRASSULACEAE

青鎖龍屬 Crassula

　　青鎖龍屬（*Crassula*）包含約 300 種尺寸、葉色、葉形和質感各異的植物，與佛甲草屬（*Sedum*，請見 386 頁）和燈籠草屬（*Kalanchoe*，請見 371 頁）同科，原產於非洲、澳洲、紐西蘭、歐洲和美洲，名稱源自拉丁文「*crassus*」，意指「厚」，指稱其經過演化，得以貯存水分應付嚴苛環境的肥厚葉子。

　　該屬植物中有許多是典型的多肉外觀，例如大受歡迎的翡翠木（*C. ovata*，請見 326 頁），不過也有不少種類和雜交種的長相非比尋常、奇形怪狀，會讓你心跳漏一拍，像是頂端會開花、由葉子層層堆疊而成的方塔、葉片呈圓杯狀的小酒杯（*C. umbella*）和呂千繪（*C. umbella* 'Morgan's beauty'），其葉子有如成堆的灰色小圓石，上頭還有成簇的亮粉紅花朵。

Crassula ovata

俗名 **翡翠木** JADE PLANT

翡翠木有著肥厚的肉質葉，是很適合懶人的多肉植物，
據說有招財開運的效果，因此成了送禮的首選，
在某些亞洲地區更是如此。

難易度
新手

光線需求
半日照
全日照

澆水
低頻率

栽培介質
砂質粗石

濕度
乾燥

繁殖
枝插法

生長型態
直立型

擺放位置
地板

毒性
毒性一般

　　翡翠木原產於莫三比克和南非，相當耐旱，對健忘的植物父母來說是一大福音。

　　在室內，其圓潤有光澤的小巧葉子通常會是深綠色，而在陽光充足的戶外，葉子的顏色會更淺，葉緣泛紅。翡翠木幼年期植株低矮，等到成熟期就會長得跟矮樹差不多，要是照顧得當，春天還會開出香氣淡雅的淺粉紅或白色花朵。

　　日照方面，最好是早晨的直射日光搭配午後散射光；澆水方面，少量即可，水太少總比太多好，可以視植物接收到的日照和氣溫調整。在生長季，一個月可以用 4 分 1 劑量的多肉專用肥料施肥一次，但由於它對養分的需求不高，省略也無妨。翡翠木有諸多栽培品種，只要掌握原種類的脾性，你就可以繼續挑戰其他品種了。

Crassula perforata

俗名 **星乙女 STRING OF BUTTONS**

原產於南非，美若天仙的星乙女有著小巧銳利的疊生葉子，
兩兩交互對生，沿著如繩索般的莖幹螺旋生長，令人眼花撩亂。

難易度
新手

光線需求
半日照

澆水
低頻率 - 中頻率

栽培介質
砂質粗石

濕度
乾燥

繁殖
枝插法
葉插法

生長型態
懸垂型
叢生型

擺放位置
書架或層架

毒性
寵物友善

星乙女的灰綠葉子葉緣通常會泛紅，要是光線充足，春天時還會開出淺黃或白色花朵，它能長到 60 公分（2 呎）高、90 公分（3 呎）寬，幼株會直立生長，等到接近成熟期，葉子的重量會讓植株往盆緣傾倒，如同天女散花一樣。

在室內，它早上需要大量的直射光，午後則是散射光就足夠，不然很容易會枝條徒長、生長不良，一定要特別留意上述 2 種情況，有需要的話就移到陽光更充足的位置。澆水方面，它雖然耐旱，但等到大半的土都乾掉時澆水還是要澆透。

星乙女的葉子很脆弱，記得觸碰時動作要輕柔，不過除了莖段，你也可以利用葉子繁殖，所以要是不小心弄斷葉子，只要等到斷裂處癒合再插回土中即可。好消息是它基本上不會受到蟲害，所以你應該不太會碰上蟲蟲危機，在春天可以用劑量減半的多肉專用液肥施肥，這樣大概可以撐上一整年。

天門冬科／ASPARAGACEAE

蒼角殿屬 Bowiea

我們超愛不按牌理出牌的怪咖，而說到怪奇植物，絕對不能不提蒼角殿屬（*Bowiea*）。該屬的唯一種類大蒼角殿（*Bowiea volubilis*）是有球莖的多年生植物，長出的細蔓只要碰上支撐物就會瘋狂攀爬，它的特別之處在於穩坐在土上、有如洋蔥的淺綠或淺棕巨大球莖。

蒼角殿屬植物原產於非洲的東部和南部地區，適應力強，肯定能替你的收藏增色。

難易度
新手

光線需求
半日照

澆水
中頻率

栽培介質
砂質粗石

濕度
低濕度

繁殖
分株法

生長型態
攀緣型

擺放位置
桌面

毒性
有毒

Bowiea volubilis

俗名 **大蒼角殿** CLIMBING ONION

　　大蒼角殿的英文別名是「洋蔥藤」，雖然不怎麼好聽，但它非比尋常的外表絕對足以彌補，其細長的綠色莖蔓會四處伸展，直到找到能攀附的東西，如果你不希望莖蔓繞著球莖、變得雜亂不堪（你喜歡的話也行），那最好還是依照你偏好的造型加上支架，而在春天，它會開出淺綠色的星形小花。

　　大蒼角殿最吸引人的一點就是能貯存水分的巨無霸球莖，因此就算稍微疏於照顧也沒關係，不過要留意的是千萬不要澆水過多，免得球莖潰爛，只要等到大半的土乾了就可以澆水。它偏好明亮的散射光和柔和的直射光，不喜歡高濕度環境，對養分的需求也不高，然而在生長期，一個月使用仙人掌專用肥料施肥一次有益無害。

　　一旦進入休眠期，大蒼角殿的莖蔓就會枯萎，不過確切時間卻眾說紛紜，有些苗農甚至沒遇過這種情況，要是你碰上了，就把乾枯的莖蔓剪除，少澆點水，靜待新芽冒出即可，幼芽有時很快就會出現，有時可能要等到換季，非常難說。

標本：*Ceropegia ampliata*

夾竹桃科／APOCYNACEAE

吊燈花屬 Ceropegia

　　吊燈花屬（*Ceropegia*）有眾多別稱，包括蠟泉花屬等，都是取自該屬植物獨特的花朵，由於狀似蠟製噴泉，屬名便是由拉丁文「*keros*」（蠟）和「*pege*」（噴泉）組合而成，而命名者正是林奈本人，於 1753 年出版的《植物種誌》第一卷正式發表。

　　該屬包含大約 180 種植物，原產於南亞、撒哈拉以南非洲和澳洲各地，隨著越來越多植物接受鑑定，數目也在持續上升。吊燈花屬與同科的蘿藦類植物（*stapeliads*）和潤肺草屬（*Brachystelma*）植物很類似，因此部分學者認為有許多植物其實都該歸類到吊燈花屬中，要是成真，成員數量就會增加到 750 種以上，不過有一點是無庸置疑的，那就是大多吊燈花屬植物都會是很美的室內植物，絕對能為你的室內綠洲帶來嫻雅氣息。

Ceropegia ampliata

俗名 **白瓶吊燈花 CONDOM PLANT**

白瓶吊燈花因為花形特殊，
所以有「保險套花」和「色色花」（horny wonder）等英文別名，
足以讓植物迷臉紅心跳。

難易度
綠手指
光線需求
全日照
澆水
低頻率
栽培介質
砂質粗石
濕度
中濕度
繁殖
枝插法
生長型態
攀緣型
懸垂型
擺放位置
書架或層架
毒性
有毒

與眾不同的白瓶吊燈花可不是普通的室內植物，它可以說是市面上最奇特的植物之一，其蔓生的無葉肉質莖會長出有著黃白條紋的氣球狀花朵，頂端則是青綠色的花冠。

除了獨特的外觀，它授粉的方式也很特殊，其管狀花的內壁長滿了細毛，會暫時困住昆蟲，讓牠在掙扎的同時沾上花粉囊，過幾天等花凋謝，昆蟲就可以逃脫，只要牠再靠近其他花朵，授粉就成功了，大自然真是不可思議。

能任由莖蔓交織垂盪的吊盆或花架應該是最適合展現白瓶吊燈花之美的選擇，它一天至少需要4小時的直射光，也很耐旱，因此可以等到砂質土全乾了再澆透，在氣溫較低的季節，水量可以減少，注意別讓莖蔓乾枯即可。

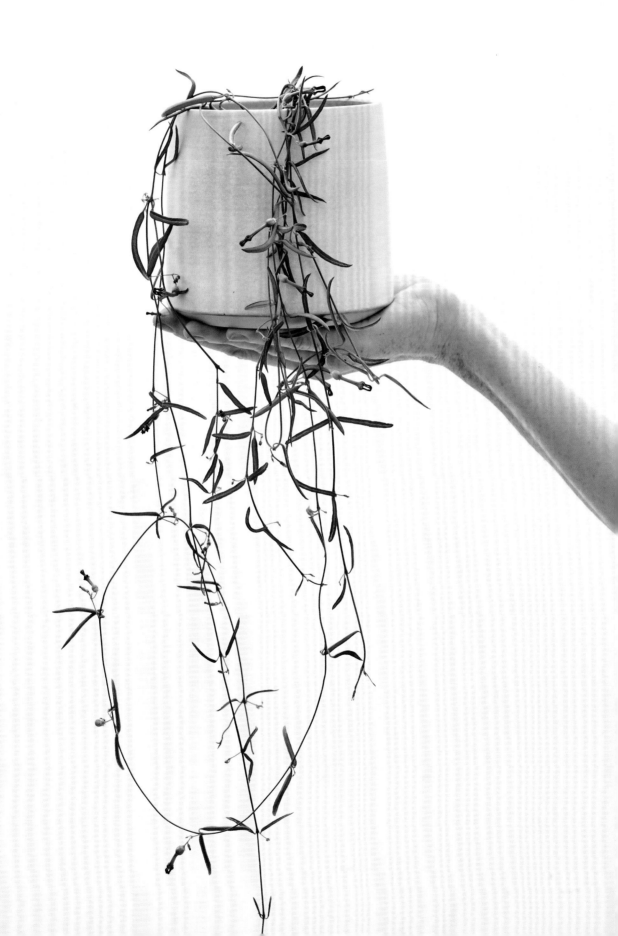

Ceropegia linearis

俗名 **線葉吊燈花** STRING OF NEEDLES

線葉吊燈花名符其實，細長的枝蔓長滿了修長的肉質葉，
散發出高貴優雅的氣質。

難易度
新手

光線需求
半日照

澆水
中頻率

栽培介質
排水性強

濕度
中濕度

繁殖
枝插法

生長型態
懸垂型

擺放位置
書架或層架

毒性
寵物友善

　　線葉吊燈花由塊莖生成，最高可以長到超過 2 公尺（6 呎 6 吋），雖然在野外它傾向在林地蔓生或攀附周遭草木，在室內從書架或花架傾盆而下的模樣也別有風味。

　　它的美麗花朵與同屬的愛之蔓（chain of hearts）很相似，可說是錦上添花，如果希望植株健康、常常開花的話，就要給它充足的光線，早上也可以曬個幾小時的太陽；比起耐濕，它更為耐旱，所以請選用排水性佳的介質，等到大半的土都乾了再澆水。

　　替線葉吊燈花換盆時要注意盆器尺寸不要一下跳太大，免得土壤過多，進而積水導致爛根。如果植株矮小，換盆可以促進生長，但假如是成熟的植物，基本上好幾年都沒有換盆的必要。

Ceropegia woodii

俗名 **愛之蔓** CHAIN OF HEARTS

愛之蔓修長的莖蔓有著小巧的肉質心形葉，柔美可愛又質感十足。

難易度
新手

光線需求
半日照

澆水
中頻率

栽培介質
排水性強

濕度
中濕度

繁殖
枝插法

生長型態
懸垂型

擺放位置
書架或層架

毒性
寵物友善

愛之蔓的葉片深綠帶銀，而愛之蔓錦（variegated chain of hearts）的葉子則是帶有粉紅和淡黃色澤，除此之外，在理想狀況下，它還會開出嬌滴滴的紫色管狀花。

愛之蔓原產於南非，在室內，其修長的枝蔓可以長到 60~120 公分（2~4 呎）長，所以很適合種在吊盆或擺在層架上。日照方面，它並不耐陰，如果可以的話，請放在有充足散射光和早上能曬到太陽的位置；澆水方面，身為多肉蔓性植物，澆水過多等同死刑，因此請等到土乾透再澆水。

除了葉子以外，其枝蔓上還會長一顆顆的圓形塊莖，看起來就像成串的念珠，所以又有「念珠藤」的別名。把這些塊莖拿去種就可以長出新的植株，也可以種回原盆，讓整體變得更加茂密。

告訴大家一個冷知識：蜂鳥很喜歡愛之蔓的花，所以如果你住在美洲，夏季時可以把植物掛在室外有遮陰的地方吸引牠們。

仙人掌科／CACTACEAE

姬孔雀屬 Disocactus

姬孔雀屬（*Disocactus*）很常與英文拼法相近，但外觀迥然不同的圓盤玉屬（*Discocactus*）混淆，雖然從名稱看來比較沒那麼像稀世珍寶，但事實上更有特色。該屬包含的種類不多，以附生和岩生植物為主，原產於墨西哥、中南美洲和加勒比海群島的熱帶地區。

雖然該屬植物時有變動，但以下2位成員充分展現了姬孔雀屬的特徵：有著扁平如葉的低垂莖幹和亮紅花朵的孔雀仙人掌（*Disocactus ackermannii*）以及右圖的金紐（*Disocactus flagelliformis*），其圓柱狀的莖幹長滿刺，亮粉紅的花朵出乎意料地豔麗。

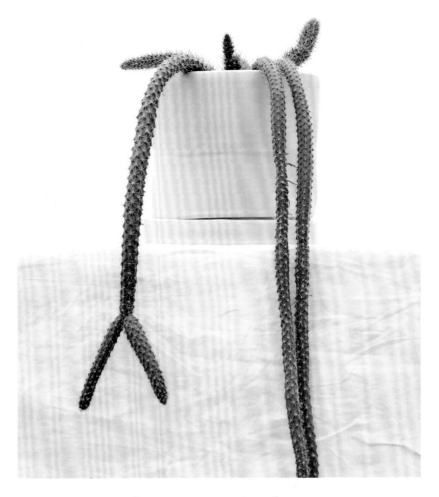

難易度
新手

光線需求
半日照
全日照

澆水
低頻率 - 中頻率

栽培介質
砂質粗石

濕度
乾燥

繁殖
枝插法

生長型態
懸垂型

擺放位置
書架或層架

毒性
有毒

Disocactus flagelliformis

俗名 **金紐** RAT TAIL CACTUS　異學名 *Aporocactus flagelliformis*

金紐原產於墨西哥，異學名為「*Aporocactus flagelliformis*」，是附生性仙人掌，可以長到 1.2 公尺（3 呎 9 吋）高，是姬孔雀屬中最熱門的種類，特徵就是綠色莖幹和褐色毛刺，在仲春到春末期間會開出一朵朵的亮粉紅花朵，多到幾乎可以把莖幹遮掩起來。

金紐種在室內外都可以，但如果種在室內，就需要提供充足的散射光和柔和的直射光；在春

夏季可以多澆點水，只要有一半的土乾掉就可以補，不過到了秋冬季頻率就要降低，等到土全乾再澆水就可以了。

金紐稜角分明、莖幹垂墜，很適合養在吊盆或放在層架上任由它垂掛，但選用的盆器記得要有點分量，以免植株越長越大，變得頭重腳輕；為了配合植株生長，建議每兩年就換成大一點的盆器。

景天科／CRASSULACEAE

擬石蓮花屬 Echeveria

　　擬石蓮花屬（*Echeveria*）是辨識度極高的代表性多肉植物，原產於墨西哥和中南美洲，其呈蓮座狀的輪生葉如同綻放的玫瑰，色澤多變，包括淺灰的麗娜蓮（*Echeveria lilacina*）、深紅的東雲（*Echeveria agavoides*）、綠色的「*Echeveria* × 'abalone'」和墨黑的黑王子（*Echeveria affinis* 'black prince'）。

　　該屬取名自 18 世紀墨西哥植物藝術家兼博物學家亞塔納西歐・艾契維・葛德伊（Atanasio Echeverría y Godoy），栽培歷史悠久，包含大約 150 種植物，雜交種和栽培品種也數目眾多。

Echeveria laui

俗名 **雪蓮 LAUI**

原產於墨西哥，葉子雪白泛藍的雪蓮雖然生長緩慢，
但一旦成熟，修長的莖幹就會從蓮座抽出，開出粉橘色的小花。

難易度
綠手指

光線需求
半日照

澆水
低頻率

栽培介質
砂質粗石

濕度
乾燥

繁殖
枝插法
側芽
葉插法

生長型態
蓮座型

擺放位置
桌面
窗台

毒性
寵物友善

　　雪蓮體型嬌小，植株的直徑最多只會到 15 公分（6 吋）左右，如果你有幸把它帶回家，它會是很棒的室友。

　　它需要的水量不多，只要記得澆水要澆透，等到土全乾了再澆即可，千萬不可以從頂部倒水，請直接朝土澆，免得水積在葉縫，導致爛葉，另外也要確保通風良好，不要跟其他盆栽擠在一起，要偶爾開窗讓空氣流通一下，建議把枯葉拔除，不要等到爛掉才處理。

　　如同大多的擬石蓮花屬植物，雪蓮可以採枝插法、葉插法或是摘除側芽來繁殖，無論你選擇哪種方式，都要記得先等個幾天，讓芽體切口癒合再種植。我們能理解想要觸碰美麗雪蓮的衝動，但這樣很容易在葉子上留下痕跡，所以請盡量不要這麼做。

Echeveria × 'Monroe'

俗名 **夢露 MONROE**

夢露是父母不詳的雜交種，植株矮小呈蓮座狀，
尖尖的葉子在低光環境下是綠色的，
但要是日照充足就會是灰綠色、葉尖泛紅。
其葉面有白粉，所以不要太常碰它，免得讓它的美貌大打折扣。

難易度
新手

光線需求
半日照

澆水
低頻率 - 中頻率

栽培介質
砂質粗石

濕度
乾燥

繁殖
枝插法
側芽

生長型態
蓮座型

擺放位置
桌面
窗台

毒性
寵物友善

夢露偏好大量散射光和早上柔和的直射日光，記得在日短夜長的冬季要隨時把植物移到有充足光線的位置，要是光線不足，它就會開始徒長、葉片散開，如果發生這種情況，你可以直接砍頭，種回原盆後放到陽光充足的地方。一般在冬天、因環境變化而感到壓力或是生長週期到了盡頭時，它底部的葉子就會紛紛掉落，建議你將它們剪除，不要留在盆內，以免腐爛，導致真菌感染。

在夏天，夢露的水量需求是低到中等，到冬天需要的水就更少，澆水時請直接往土澆，免得水積在葉縫，導致葉片腐爛。

景天科／CRASSULACEAE

銀波錦屬 Cotyledon

銀波錦屬（*Cotyledon*）隸屬於景天科，包含大約 10 種灌木型多肉植物，此外還有許多雜交種和栽培品種。該屬植物的葉子雖小，但葉形有尖有圓、葉面有的長毛、有的帶粉，非常多變，開出的鐘形花會高坐在植株頂端，顏色一般為紅色、橘色或粉紅色。

該屬有許多討人喜歡的種類，包括有波浪狀灰葉的銀波錦（*Cotyledon undulata*）、暱稱為豬耳朵，有著成簇粉色鐘形花的福娘（*Cotyledon orbiculata*）和葉片如同可愛熊掌的熊童子（*Cotyledon tomentosa*，請見右圖）。

難易度
新手

光線需求
半日照

澆水
低頻率 - 中頻率

栽培介質
排水性強

濕度
乾燥

繁殖
枝插法

生長型態
直立型

擺放位置
桌面

毒性
毒性一般

Cotyledon tomentosa

俗名 **熊童子 BEAR'S PAW**

這嬌小玲瓏的多肉植物有著長滿絨毛的葉子，鋸齒狀的葉尖呈暗紅色，看起來就像小熊的足掌和爪子，而它的斑葉品種則是有淡黃斑紋。其枝芽繁多，最多可以長到 50 公分（20 吋）高。

熊童子原產於南非，是相當常見的室內多肉植物，最主要的原因就是養護容易又可愛到極點。它偏好無直射光線的明亮處，澆水方面，如果發現大多的土都乾了就可以再澆透，其肉質葉能有效貯存水分，所以澆水過少總比過多好，到了冬天，等植物進入半休眠狀態，水量就可以再減少，土壤裡的水如果過多，很容易就會發生爛根、真菌感染和掉葉的情況。

它在初春會開出粉橘色的鐘形花，替你的室內綠洲增添色彩，趁著天氣暖和，也可以每個月使用劑量減半的多肉專用肥料替植物施肥。

假如想要繁殖，我們會建議你採用枝插法，而不是難度更高的葉插法，請等到植株成熟，莖部夠長時再進行，到時候只需要剪下帶有數片葉子的莖段，放幾天等傷口癒合，接著就可以插入排水性佳的砂質土裡，應該不消幾週就會發根了。

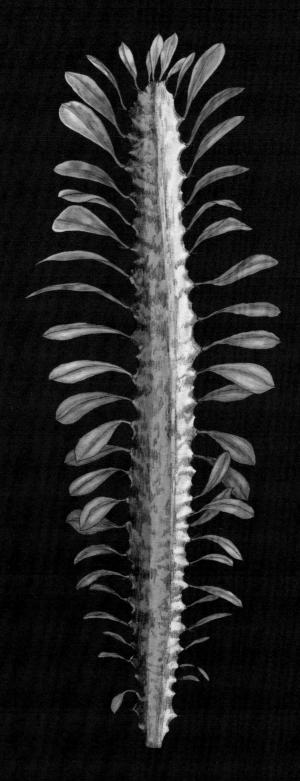

標本：*Euphorbia trigona*

大戟屬 Euphorbia

　　大戟屬的成員眾多，遍布世界各地，包含多達 2000 種各色各樣的植物，有多葉的聖誕紅（*Euphorbia pulcherrima*/poinsettia）、狀似仙人掌的三角霸王鞭（*Euphorbia trigona*/African milk tree）、有著典型多肉外觀的黃戟草（*Euphorbia myrsinites*/myrtle spurge）和奇特的圓球狀晃玉（*Euphorbia obesa*/baseball plant）。

　　原產於非洲和馬達加斯加各地，該屬某些植物常會被誤認成仙人掌，不過有別於仙人掌，它們的花朵很簡單，身上的棘刺雖鋒利但也不太一樣，另一個更大的差別是大戟屬植物的乳汁具毒性，會引發嚴重過敏反應，所以千萬不要碰到眼睛，以免導致暫時性或永久失明，基於這一點，你最好還是把它們放在寵物或孩童無法接觸到的地方，此外不管是要換盆、繁殖還是移動位置，一定要記得戴手套，保險起見還可以戴上護目鏡。

Euphorbia ingens

俗名 **華燭麒麟** CANDELABRA TREE

原產於南非，這高大如樹的多肉植物最高可以長到12公尺（39呎）高，粗壯莖幹搭配有如球體的渾圓頂部十分搶眼，時常會吸引鳥類前來築巢。

難易度
新手
光線需求
半日照
全日照
澆水
低頻率
栽培介質
砂質粗石
濕度
乾燥
繁殖
枝插法
生長型態
直立型
擺放位置
地板
毒性
有毒

考量到空間的限制，養在室內的華燭麒麟一般都只有單一莖幹，秋冬季是它的開花期，會開出滿滿的黃綠花朵。

因為來自莽原等乾燥地區，它需要的水量不多，就算一段時間不澆水也不會有事，在生長季，最好等到大半的土都乾了再澆水，而在冬天則是要等到土全乾。它偏好溫暖環境，因此在氣溫較低的季節，記得要把它放回室內；日照方面，它每天需要數小時的直射光和大量的散射光，另外在春夏季可以每幾週就用多肉植物專用肥料施肥。

如同大多大戟屬植物，華燭麒麟的汁液有毒，所以觸碰時要小心，此外值得一提的是許多大型的燭台狀大戟屬植物販售時都會以水苔包裹，有時現有介質表面還會黏上碎石，這樣對植物來說不太好，尤其是養在室內更是如此，如果你碰到這樣販售的商家，我們會建議你換一盆。

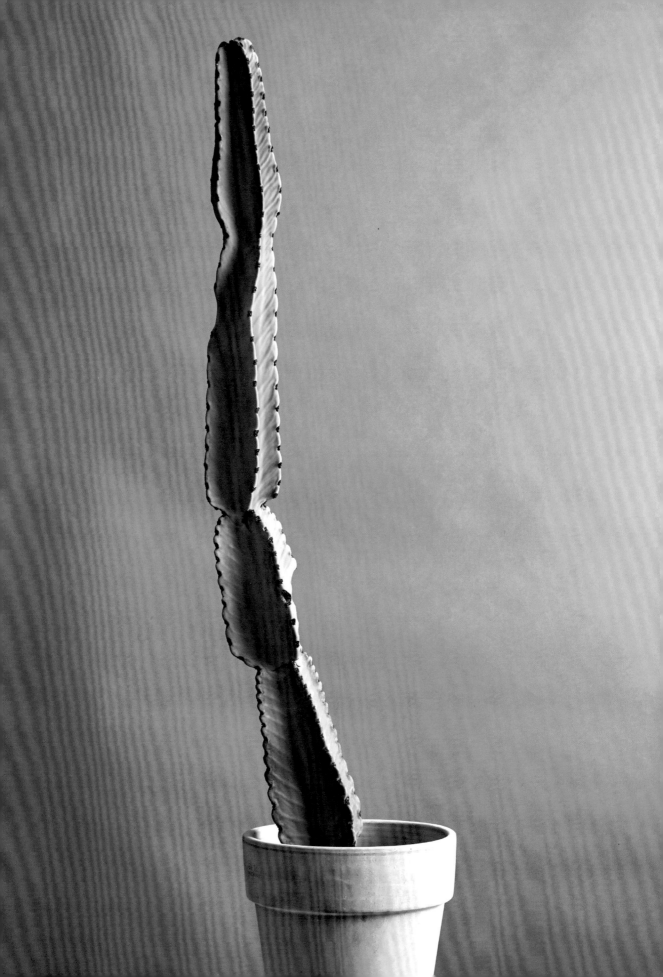

Euphorbia tirucalli

俗名 **綠珊瑚** FIRESTICKS

綠珊瑚原產於東非、印度和阿拉伯半島，
有著跟鉛筆一樣細長的青綠枝條，越長分枝越多。

難易度
新手

光線需求
半日照
全日照

澆水
低頻率

栽培介質
砂質粗石

濕度
乾燥

繁殖
枝插法

生長型態
直立型

擺放位置
桌面

毒性
有毒

　　綠珊瑚在直射日光的照射下會泛黃泛紅，有如日落雲彩，因此又有英文別名「火棒」，其微不足道的葉子通常在植株成熟後就會掉落，同時開出黃色小花。

　　在野外，它可以長成高達7公尺（23呎）的大樹，但在室內，從枝條繁殖而成的植株看起來更像成捆的鉛筆，變起色來就像珊瑚一般，如果希望它保有代表性的橘色色澤，記得要讓它曬到大量直射光；它對水量的需求偏低，千萬不要澆水過多；在溫暖的季節每個月施肥一次，它很快就會長得健康茂密。

　　綠珊瑚雖然很有特色，但如同所有大戟屬植物，它的毒性也很強，觸碰時記得要戴護目鏡和手套，以策安全，如果家中有寵物或孩童的話，建議改種別的植物。即使全株有毒，它還是擺脫不了介殼蟲和粉介殼蟲的威脅，養在室內的話更要留意。

Euphorbia trigona

俗名 **三角霸王鞭** AFRICAN MILK THISTLE

直立生長的叢生狀三角霸王鞭原產於西非，顏色時綠時紅，
是時常被誤認為仙人掌的多肉植物，大家光看外觀應該就能理解吧。
其莖幹最高能長到2公尺（6呎6吋）和50公分（20吋）寬，
3~4個稜上長滿了刺，但因為同樣位置還會長小葉，所以不怎麼顯眼。

難易度
新手

光線需求
半日照
全日照

澆水
低頻率 - 中頻率

栽培介質
砂質粗石

濕度
乾燥

繁殖
枝插法

生長型態
直立型
叢生型

擺放位置
有遮蔽的陽台

毒性
有毒

三角霸王鞭的生長速度緩慢，是相對好養的多肉植物，不過它一天必須要照4小時的直射日光，全株也都需要照到充足的散射光才行；它比一般的多肉植物還需要水，一旦表層5公分（2吋）的土乾掉就要澆水，在換季或生長期前夕，葉子會發黃掉落，其他時候如果有這種情況就代表澆水過度，而褐化乾枯的葉子則代表水太少。

如果想要繁殖可以採用枝插法，剪下來的芽體要先放個幾天等傷口癒合，再沾上開根劑種進土中。三角霸王鞭的切口會流出黏稠的乳汁，碰到就會引起皮膚過敏，所以處理植株時一定要配戴防護用具，這樣除了不會沾到有毒的汁液，還可以避免被刺傷到。

阿福花科／ASPHODELACEAE

厚舌草屬 Gasteria

　　厚舌草屬（*Gasteria*）原產於南非，植株緊密矮小，有著表面粗糙的肥厚葉子，因狀似牛舌而得名。其葉子的花紋多變，從基部長出，有些會螺旋排列、呈蓮座狀，有些則是對生，就像攤開來的書本。它長在修長莖部上的花朵也很值得一提，雖然「胃狀」聽起來不太美觀，但成串擺盪的模樣甚是美麗。

　　該屬植物多年來演化出在各種不同環境生存的能力，有不少自然產生和培育出來的雜交種，而幼株跟成熟植株之間的差異也極大，我們就很喜歡像骨架般直立生長、慢慢變成垂墜型植物的「*Gasteria rawlinsonii*」和有著葉心泛紅、巨無霸舌狀葉的「*Gasteria disticha* var. *robusta*」，另外厚舌草屬與蘆薈屬和鷹爪草屬（*Haworthia*）的關係很近，有時會跟上述這些屬的植物雜交。

難易度
新手

光線需求
半日照

澆水
低頻率

栽培介質
砂質粗石

濕度
乾燥

繁殖
側芽

生長型態
蓮座型

擺放位置
窗台

毒性
寵物友善

× *Gasteraloe 'green ice'*

俗名 **綠冰蘆薈** GREEN ICE

綠冰蘆薈是由厚舌草屬與蘆薈屬雜交而成的，這種拿兩種屬的植物來創造出新的屬是很罕見的狀況（書寫方式為在種名前加上「×」），而它結合了兩屬的特性，幼株長得像厚舌草屬植物，成熟植株則為蘆薈屬常有的蓮座狀，其葉尖泛白、帶有白色塊斑，在綠色的對比下更像銀色，管狀花則長在抽高的莖幹上，為植株增添一抹色彩。

它的生長速度雖慢，但在理想狀況下可以長到30公分（12吋）高，非常耐旱，所以不喜歡根系太濕，如果土太濕或葉縫積水，很容易就會真菌感染，為了避免這種情況，澆水請避開葉子，直接朝土澆，植物也要擺在通風良好的乾燥位置。施肥方面不用想太多，只要在生長季施一次肥就可以了，也不用擔心害蟲，綠冰蘆薈幾乎可以說是百毒不侵，它也比其他多肉植物更耐陰，更能適應居家環境。

阿福花科／ASPHODELACEAE

十二卷屬 Haworthiopsis

　　本屬原本歸類在鷹爪草屬中，在 2013 年的親緣關係研究報告出爐後自成一屬，它與蘆薈屬（外觀最雷同）和厚舌草屬同科，是南非特有種，大多種類都生長在該地。該屬植物植株矮小，一般呈蓮座狀，帶有白色斑紋，抽高的細長莖部則會開滿花朵。

　　不管是長得像繩索的青瞳（*Haworthiopsis glauca*）、右圖帶有淘氣斑紋的十二之卷（*H. attenuata*）、有三角葉的三角鷹爪草（*H. viscosa*）還是長得像海星的旋葉鷹爪草（*H. limifolia*），我們都喜歡，該屬植物千變萬化的葉形、色澤和斑紋絕對會讓你心動到想要蒐集所有的品種。

難易度
新手

光線需求
半日照
全日照

澆水
低頻率

栽培介質
砂質粗石

濕度
乾燥

繁殖
側芽

生長型態
叢生型

擺放位置
窗台

毒性
寵物友善

Haworthiopsis attenuata

俗名 **十二之卷** ZEBRA CACTUS

十二之卷的英文別名「斑馬仙人掌」會讓人誤會是仙人掌，但它其實是多肉植物，體型雖小，帶有橫條紋的厚實暗綠劍形葉片卻非常吸睛。十二之卷最高不會超過 20 公分（8 吋）、13 公分（5 吋）寬，不過大多市售的盆栽尺寸會更小，由於生長緩慢的關係，長時間下來也不會大到哪裡去。

在原產地，十二之卷通常會生長在有遮蔭的地方，不過在室內，有大量散射光和早上能照到直射日光的位置是最好的，考量到體型和對日照的需求，窗台是最恰當的選擇。在天氣較溫暖的夏季，植物會用掉更多能量，所以當一半的土乾了就要澆水，在冬天可以等大部分的土乾了再澆。

在生長季，只要用多肉植物專用肥料替十二之卷施肥一次就可以了，它會不斷長出側芽，讓植株越來越茂密，如果想要繁殖，只要輕輕剪下來種到土裡即可。

仙人掌科／CACTACEAE

仙人掌屬 Opuntia

　　仙人掌屬（*Opuntia*）取名自古希臘城市奧帕斯（Opus），亞里斯多德（Aristotle）的門徒泰奧弗拉斯托斯（Theophrastus）在此地宣稱他發現可以使用葉插法繁殖的植物。該屬隸屬於仙人掌科，包含150~180種有扁平板狀莖節的多肉植物，原產於美洲，最遠北至加拿大西部，南至南美洲最南端。所有仙人掌屬植物的莖葉、花和果實（其英文別名「刺梨」就是從此而來）只要經過適當處理都是可以食用的，當然美味程度稍有落差。

　　部分仙人掌屬植物在原產地以外的地方被列為入侵物種，尤其是在南非和澳洲，它們繁殖力很強，很容易就會瘋狂生長，在被視為有害植物的地區，在戶外種植仙人掌屬植物是違法的，考量到它們對自然生態的危害，有些地方甚至還禁止販售，我們不是說你就此跟這些稜角分明的植物無緣了，而是在購買前一定要記得先確認當地法規比較保險。

Opuntia microdasys

俗名 **細刺仙人掌** BUNNY EARS CACTUS

細刺仙人掌原產於墨西哥中部和北部，莖幹長滿了如斑點般的刺座，
幼株看起來就像有大耳朵的可愛兔寶寶，只要有足夠的直射光，
這小型仙人掌就會替你的室內綠洲帶來濃濃的異國風情。

難易度
新手

光線需求
全日照

澆水
低頻率

栽培介質
砂質粗石

濕度
乾燥

繁殖
枝插法

生長型態
直立型

擺放位置
窗台

毒性
寵物友善

注意！細刺仙人掌看起來雖然很可愛，但它其實全副武裝，非常危險，很可能會讓人受傷，它身上長的並不是普通的刺，而是一團團的芒刺，比人類的毛髮還細，它的種小名「microdasys」指的就是細小的毛刺，只要輕輕一碰，芒刺就會一撮撮地掉下來，導致皮膚紅腫，所以一定要小心。

除了需要大量日光，細刺仙人掌也需要排水性佳的仙人掌專用介質，在天氣溫暖的生長季，請等到土全乾了再澆水，而冬天澆水的頻率就可以再降低。

一般來說它不太容易受到蟲害，頂多就是介殼蟲和粉介殼蟲，如果不幸碰上，可以用沾了酒精的棉花棒去除。如同所有仙人掌屬植物，這還算稀有的小可愛很好繁殖，剪下的莖幹可以插進小盆栽裡，是送禮的好選擇。

Opuntia monacantha

俗名 **單刺仙人掌** DROOPING PRICKLY PEAR

單刺仙人掌原產於南美洲，怪誕不經的外表或許不太符合大眾的口味，
但只要有充足的直射光和少量的水，它就能在室內蓬勃生長，
成熟植株甚至會開出高達10公分（4吋）的豔麗黃花。

難易度
新手
光線需求
全日照
澆水
低頻率
栽培介質
砂質粗石
濕度
乾燥
繁殖
枝插法
生長型態
直立型
擺放位置
地板
毒性
寵物友善

單刺仙人掌在幼年期時凹凸不平的莖幹較細，比其他仙人掌屬植物更為脆弱，如同英文別名所說的那樣會彎腰下垂，雖然看起來怪模怪樣，但這就是它的魅力所在。如果想要更特殊的種類，還有更矮小的變種「*Opuntia monacantha* 'variegata'」，俗名是「約瑟的彩衣」，它是少數自然產生的白斑仙人掌，不過在栽培市場相當常見。

它養護簡單，除了維持特定尺寸和造型外也不太需要修剪，你可以將莖部剪除，放幾天等傷口癒合後拿去繁殖，不過小心不要被它看似無害的刺給騙了，在用鋒利的刀子從莖節摘除莖部時一定要用夾子（最好有海綿等布料包裹）比較安全。

碧雷鼓屬 Xerosicyos

碧雷鼓屬（*Xerosicyos*）是馬達加斯加特有種，僅包含 3 種開花植物，與黃瓜和櫛瓜同科，該屬的希臘文名字可以直翻成「乾黃瓜」，取自它比蔬菜近親更耐旱的特性，當中某些植物演化出肉質葉，某些的基部則有碩大的莖幹能貯存水分，藤蔓也從此而生。

該屬最常見的種類就是碧雷鼓（*Xerosicyos danguyi*），又名銀幣草，特徵是從細莖上長出的圓扁肉質葉，如果你想要為空間增添異國風情，這優雅的攀緣植物是很好的選擇。

難易度
新手

光線需求
全日照

澆水
低頻率

栽培介質
砂質粗石

濕度
低濕度

繁殖
枝插法

生長型態
攀緣型

擺放位置
書架或層架

毒性
未知

Xerosicyos danguyi

俗名 **碧雷鼓** SILVER DOLLAR VINE

如果世上真的有搖錢樹，那肯定長得跟碧雷鼓很像，這種獨特又優雅的攀緣多肉植物有著圓柱狀莖部，上面長滿了銀綠色的圓葉和攀附用的捲鬚，跟豌豆的捲鬚葉一樣用來向上攀爬，如果沒有支撐物，較重的莖部就會沿著層架或吊盆盆緣垂下。它是很熱門的多肉植物，只要每天能照上數小時的直射光和充足的光線，就算在室內也能生氣勃勃。

碧雷鼓來自馬達加斯加的乾燥地區，生命力頑強又耐旱，不怕高溫和長時間缺水，如果種在室內，建議選用仙人掌和多肉植物專用介質；澆水方面，在春夏季要等到土全乾再澆，到了冬天間隔要再拉長，整體來說，如果你運氣好到能擁有它的話，它很適合剛入門的植場新手。

標本：*Kalanchoe orgyalis*

燈籠草屬 Kalanchoe

燈籠草屬在 18 世紀由法國植物學家米榭・阿當松（Michel Adanson）初次發表，包含大約 125 種五花八門的熱帶多肉植物，某些看起來更像是觀葉植物，例如有著油綠葉子和暖色系叢生花的長壽花（*Kalanchoe blossfeldiana*）。該屬大多種類最多只會長到 1 公尺（3 呎 3 吋）高，而仙女之舞（*Kalanchoe beharensis*）則能長到 6 公尺（20 呎）高，其他比較特別的種類包括垂墜型的「*Kalanchoe uniflora*」、有帶斑灰色扇葉的雀扇（*Kalanchoe rhombopilosa*）和有紅色吊鐘花跟錢幣狀圓葉的白姬之舞（*Kalanchoe marnieriana*）。儘管該屬植物在傳統醫學上有一定的藥效，它們還是帶有毒性，所以請遠離寵物和孩童。

Kalanchoe gastonis-bonnieri

俗名 **雷鳥** DONKEY EARS

雷鳥有著灰綠色的巨無霸葉片，有時顏色會偏紅，
帶有隱約的棕色斑點，葉面一般會有厚厚的白粉。
原產於馬達加斯加，生長速度快，
高度和寬度最多都能達到45公分（18吋）。

難易度
新手

光線需求
半日照
全日照

澆水
低頻率 - 中頻率

栽培介質
砂質粗石

濕度
乾燥

繁殖
側芽

生長型態
蓮座型

擺放位置
窗台

毒性
有毒

　　一般來說，雷鳥是單次結實性植物，也就是開花一次後就會死亡，但別害怕，等到 4~5 年植株成熟後，它的葉尖或葉緣會長出許多側芽，就算母株死了也不用擔心，這些側芽會長根，只要輕輕與母株分離，把它們種進新盆裡就能輕鬆繁殖了。雷鳥在開花前平均有 10-15 年的壽命，所以大致來說還算是划算的交易。

　　澆水方面，在夏天請等到一半的土都乾了再澆水，冬天則是要等土全乾，千萬不要讓植物泡在積水的底盤裡，如果發現莖葉變軟，那就代表澆水過多，可能很快就會一命嗚呼。日照方面，雷鳥多少需要一點直射光，剩下的時間靠充足的散射光就夠了。在春夏季可以每兩週用劑量減半的多肉植物專用肥料施肥，這在需要更多養分的開花季特別重要。

Kalanchoe luciae

俗名 **唐印** FLAPJACK

唐印原產於南非、賴索托、波札那和史瓦帝尼王國（原史瓦濟蘭王國），魅力十足，槳狀葉片可以長到大約20公分（8吋）長。

難易度
新手

光線需求
半日照
全日照

澆水
低頻率

栽培介質
砂質粗石

濕度
乾燥

繁殖
側芽

生長型態
蓮座型

擺放位置
有遮蔽的陽台

毒性
有毒

唐印形似貝殼的灰綠葉子上有著一層防止葉片曬傷的白粉，在光線充足的情況下，葉色會越來越紅，在冬末到初春期間，最高能長到1公尺（3呎3吋）高的莖部會開花，有時母株在開花後就會死掉，但由於養在室內的唐印不太可能會開花，各位植友不需要太擔心。

在夏天，它所需的水量為中等，每個月也可以使用劑量減半的肥料施肥，等到天氣轉涼就可以停了，這時候只要等土全乾了再澆水即可。它不喜歡太低溫的環境（低於攝氏0度／華氏32度或結霜），因此假如本來都放在室外，冬天時最好拿進屋內，擺在明亮處。

唐印不太容易遭到蟲害，但還是躲不過蚜蟲和粉介殼蟲，所以要特別留意，一發現就要馬上根除。另外要注意它很常與「*Kalanchoe thyrsiflora*」混淆，兩者的養護需求相似，但後者的葉緣通常不會泛紅。

夾竹桃科／APOCYNACEAE

豹皮花屬 Stapelia

　　豹皮花屬（*Stapelia*）外貌姣好，卻奇臭無比，含括大約 50 種叢生型的無刺多肉植物，其五角星形的花朵可說是奇異怪誕又臭名昭彰，不僅有細緻的花紋和質感，還會散發出屍臭味（有香氣的妖星角〔*Stapelia flavopurpurea*〕除外）。原產於非洲地區，由於沒有能協助傳粉的蜜蜂，它們演化出會散發異味的搶眼花朵來吸引螞蟻和蒼蠅過來幫忙。

　　有不少豹皮花屬植物都是常見的盆栽植物，不管是養在室內或放在陽台，只要選用排水性強的介質、偶爾澆點水並放在能照到充足直射光的位置，這些太陽神的子民就能長得很好，對於所有等級的室內植物迷來說也是很適合用來破冰的話題。

難易度
新手

光線需求
全日照

澆水
中頻率

栽培介質
砂質粗石

濕度
乾燥

繁殖
枝插法

生長型態
叢生型

擺放位置
窗台

毒性
有毒

Stapelia grandiflora

俗名 **大花魔星花** CARRION PLANT

大花魔星花又名「臭肉花」，光看名字就知道它有何特殊之處，這直立生長的多肉植物有著長了柔毛的肉質莖，一般為淺綠色，但只要有足夠的直射日光就會帶有紅色色澤。它別名的由來就是位於植株基部，讓人又愛又恨的海星狀花朵，雖然別名聽起來很嚇人，但對人類來說氣味並沒有那麼重，你得要靠很近才會聞得到。

它原產於南非的乾熱地帶，為了應付水資源不足的環境，莖部會貯存養分與水分，也會適時縮放，在缺水的乾旱期收縮，在接收水時脹大，而它的花朵在沒有蜜蜂的地區會吸引蒼蠅和螞蟻來傳粉。

大花魔星花最講究的生長條件就是充足的直射光和排水性佳的砂質土，在春夏季澆水要澆透，等到土全乾了再補水，而在冬天幾乎不用澆水，因此照顧上來說還算簡單。

天河（*Rhipsalis trigona*）

這種槲寄生仙人掌會長出一節節的肥厚三角狀莖段，看起來歪歪扭扭、亂中有序，有種粗獷之美，不僅吸睛，更與同屬植物一樣好養。

仙人掌科／CACTACEAE

葦仙人掌屬 Rhipsalis

　　葦仙人掌屬包含大約 40 種分枝眾多的多肉植物，因此又稱「槲寄生仙人掌」或「珊瑚仙人掌」，原產於中南美洲的熱帶和亞熱帶地區，基本上是附生植物，會攀附樹木生長，有些也會出現在岩縫中。有趣的是該屬的絲葦（*Rhipsalis baccifera*，請見 380 頁）居然在馬達加斯加也找得到，讓科學家百思不解。

　　為了要適應雨林的潮濕氣候，雨林仙人掌演化出與沙漠仙人掌截然不同的外觀和生長需求，葦仙人掌屬植物的肉質莖樣貌多變，有圓柱狀、尖形和扁平狀等，粗細也大不相同，某些種類身上還有短刺，但大多是沒有的，從狀似珊瑚、圓滾滾的未央之柳（*R. heteroclada*）到有鋸齒狀扁莖的園蝶（*R. goebeliana*，請見 383 頁），你絕對能找到讓你心動的種類。

Rhipsalis baccifera

俗名 **絲葦** MISTLETOE CACTUS

如同人類，有些植物就是特別豪放不羈，
而細莖如瀑布般傾盆而下的絲葦就是這樣的植物。
如果想要充分展現垂枝的美，可以選用吊盆或擺在層架上。

難易度
新手

光線需求
半日照

澆水
中頻率

栽培介質
排水性強

濕度
中濕度

繁殖
枝插法

生長型態
懸垂型

擺放位置
書架或層架

毒性
寵物友善

絲葦養護容易，優點多多，不只是擁有如秀髮般的枝條，還會開出白色小花和結果實，長得跟槲寄生很像，因而得名。

它是雨林仙人掌的一種，所以很習慣潮濕氣候和因雨林林冠造成的低光環境，無法適應類似沙漠的生長條件，少量的早晨日光和傍晚陽光對它雖然好，但再多就容易曬傷，所以最好還是以充足的散射光為主。它對水的需求比沙漠仙人掌還高，等到表面5公分（2吋）的土乾掉再澆水即可，它在原產地通常會長在有苔蘚或樹枝和岩縫中有碎屑的地方，因此已經適應依靠會乾掉的介質生長。為了避免爛根，冬天的澆水量要大幅減少，也要留意排水性。

絲葦的莖部很脆弱，在換盆時很容易斷裂掉落，不過別擔心，它繁殖起來非常簡單，只要放個幾天讓傷口癒合，和仙人掌專用介質一起放在育苗盤中，放在有部分遮蔭的位置，幾週後應該就可以種進盆中了。

Rhipsalis goebeliana

俗名 **園蝶** FLAT MISTLETOE CACTUS

用雜亂無章和漫無紀律來形容這怪異的附生植物好像很負面，
但我們並不這麼想，反而還很喜歡它紛亂無序的模樣。

難易度
新手

光線需求
半日照

澆水
中頻率

栽培介質
排水性強

濕度
中濕度

繁殖
枝插法

生長型態
懸垂型

擺放位置
書架或層架

毒性
寵物友善

園蝶相當稀有，扁平莖部的邊緣呈鋸齒狀，分成數節向外生長，恣意延伸，最長可以長到2公尺（6呎6吋），除了凹凸有致外，它還會開出會從黃變白的花朵。

以收藏和分類仙人掌聞名的德國園藝學家柯特・貝克貝格（Curt Backeberg）曾在1959年根據來源不明的栽培標本記錄了園蝶的長相，雖然它和原產於巴西與南美洲安地斯地區的「*Rhipsalis cuneata*」跟桐壺（*Rhipsalis oblonga*）很像，近期DNA鑑定顯示它與兩者並沒有血緣關係，因此原產地目前依然未知，不管如何，如同所有的葦仙人掌屬植物，它偏好無直射光線的明亮處和排水性佳的介質，也喜歡潮濕環境，不過光是在一般住家能提供的環境和溫度就可以活得很好了。

Rhipsalis pilocarpa

俗名 **毛果葦仙人掌** HAIRY STEMMED RHIPSALIS

毛果葦仙人掌縱橫交錯的枝條長滿了白色細毛，因而得名。

難易度
新手

光線需求
半日照

澆水
中頻率

栽培介質
排水性強

濕度
中濕度

繁殖
枝插法

生長型態
懸垂型

擺放位置
書架或層架

毒性
寵物友善

　　毛果葦仙人掌原產於巴西的熱帶雨林，會攀附樹枝生長，可惜在都市化和過度開發的情況下，野外棲息地已所剩無幾，如今被列為瀕臨絕種的植物，不過由於它很適合作為室內植物，還以繁盛的枝條榮獲英國皇家園藝學會花園優異獎的肯定，所以在栽培市場相當熱門。

　　毛果葦仙人掌的莖部最初是直立生長，時間一久就會變得彎垂，如同天女散花般展開，莖部頂端會開出芬芳花朵，也會結出小小的紅色果實。這魅力十足的熱帶附生植物如果一不小心曬傷，淺綠莖部就會變成黃色，所以並不喜歡強烈的午後陽光，反而比較偏好充足的散射光，直射光則是以早上和傍晚最適宜；澆水方面，等到表層 5 公分（2 吋）的土乾了再澆透即可。

景天科／CRASSULACEAE

佛甲草屬 Sedum

　　佛甲草屬因為生長在岩縫中，又被稱為「岩生作物」（stonecrops），是景天科之下最大的屬，過去曾包含多達 600 種開花植物，不過近期的重新分類讓部分種類被歸類到八寶屬（*Hylotelephium*）和紅景天屬（*Rhodiola*）下，使數量減少到 400~500 種。

　　該屬植物的生長型態包含蔓生和叢生，為了應付非洲和南美洲等原產地的乾燥氣候，有可以貯存水分的肉質葉，這樣的特性讓它們常被用作耐旱植栽庭園的地被植物，除此之外也有不少種類是適合養在室內的盆栽植物。

Sedum morganianum

俗名 **玉珠簾** DONKEY'S TAIL

玉珠簾又名玉綴，粗大的垂墜莖部長滿了排列緊密的圓潤葉子，有如辮子，養護容易，不管擺在室內外都別具風采，讓人一見傾心，我們也特別喜歡它特殊的色澤，從柔和的萊姆綠到藍綠色，葉面還會帶點白粉。

它的肉質葉可以貯存水分，因此格外耐旱，也偏好乾燥甚於潮濕環境，建議使用仙人掌和多肉植物專用介質來確保排水性，

另外記得等到土全乾了再澆水；日照方面，如果養在室內，一定要擺在有充足散射光和早上能照到數小時直射光的位置，千萬要避開午後豔陽，尤其是透過玻璃窗的光線，以免葉子曬傷。

玉珠簾在夏末會長出成簇的紅、黃或白花，倒吊的模樣甚是可愛，非常適合擺在層架或花架上，任由可以長到90公分（3呎）長的莖條垂盪。

仙人掌科／CACTACEAE

蛇鞭柱屬 Selenicereus

蛇鞭柱屬（*Selenicereus*）取名自希臘月亮女神塞勒涅（Selene），因夜間開花的特性又稱為「月光仙人掌」，包含大約 20 種植物，主要是附生性仙人掌，但也有岩生和陸生藤蔓型。原產於墨西哥、中美洲、加勒比海島嶼和南美洲，該屬仙人掌的莖部大多都是扁平呈鋸齒狀，會長氣根來協助攀爬，雖然有些種類無刺，但有些可是全副武裝，不容小覷。

蛇鞭柱屬仙人掌以巨無霸的白花著稱，尺寸不但是仙人掌科中數一數二大的，還香氣濃厚，花朵由飛蛾傳粉，雖美但稍縱即逝，通常開一個晚上就會凋謝。

難易度
新手

光線需求
半日照

澆水
中頻率

栽培介質
排水性強

濕度
中濕度

繁殖
枝插法

生長型態
懸垂型

擺放位置
書架或層架

毒性
有毒

Selenicereus chrysocardium

俗名 **昆布孔雀** FERN LEAF CACTUS

　　昆布孔雀是無刺的附生性仙人掌，之字形的「葉子」可以長到2公尺（6呎6吋）長，除了獨具特色的莖部，它難得一見的嬌豔花朵也是一大看點，其黃金花蕊就是該植物拉丁名的由來（「*chrysocardium*」的翻譯是黃金之心）。昆布孔雀的花一般只會在月光下綻放，如同所有美好事物總是倏忽即逝，很快就會凋零，然而它本來就不太可能在室內開花，就算只能欣賞葉子，它也絕對不會讓你失望。

　　昆布孔雀最初其實是耐旱品種，後來才演化成適應潮濕陰暗環境的雨林仙人掌，在它移居到熱帶後，尋找光源變得比貯存水分更重要，所以它沒有葉子的莖部才會變寬，好提升光合作用的效率。

　　有別於沙漠仙人掌，除了早晨柔和的光線以外，其他時間都不能照到直射日光，最好以充足的散射光為主，另外建議使用排水性佳的介質；澆水方面，在春夏季，等表面2~5公分（3/4~2吋）的土乾了再澆水，等到天氣轉涼就調整成土幾乎全乾再澆水。

名詞解釋

中肋 位於葉身中央的一條主脈。

毛狀體 長在植物身上的細毛或有如鱗片的生長物，結構各異。

半附生植物 附生植物唯二的分類之一（另外請見真附生植物），這種植物一生中只有一段時間會附生在其他植物上，有可能是原本就在別的植物身上發芽，往林地移動或是從林地萌芽長大，再慢慢攀附到其他植物身上。

羽狀裂葉 這種羽狀葉的裂片有大半與葉柄相連，因此不被視為小葉。

羽狀葉 羽狀葉包含許多小葉，位於葉柄兩側，狀似羽毛，常見於蕨類植物。

肉穗花序 長滿小花的細長肉質花序，在天南星科（由佛焰苞包裹）和胡椒科（無佛焰苞）植物較常見。

佛焰苞 從肉穗花序基部長出的碩大苞片，作為保護之用，最常見的例子就是白鶴芋有如花瓣的單一白色苞片。

卵形 葉基較寬的卵形葉。

倒卵形 葉基較窄的卵形葉。

走莖 與匍匐莖和根莖很類似，修長的走莖會長出根和小小的新芽，一般都在地面上。

亞種 分類學術語，在種之下，變種之上，分類方式為外觀上的細微差別，該差異通常是因棲息環境的不同所造成的。

刺座 仙人掌身上會長出刺的突起或凹陷處，是仙人掌科的特徵之一。

岩生植物 這類植物生長在岩石上，不需要土壤，常見於峭壁。

花序 有別於單生花，花序是花梗上的一叢花，可能有單一或數個分枝。

花梗 花序著生的梗柄。

附生植物 這類植物不需要土壤，而是攀附在其他植物（通常是樹木）上生長，一般來說對於宿主是無害的。

匍匐莖 匍匐地面生長的莖，在節的地方會長根，長出新的植株。

盾狀葉 葉柄直接與葉身相連，狀似盾牌。

科 在植物界中，科包含一群因為有相同特徵而被歸為同一類，目前植物界有數百個科，在分類學中，科上面還有界、綱、目，下面再細分成屬和種。

突變 自然產生的基因突變，會導致植物外觀有變，這類植物炙手可熱，也是培育的首選。

苞片 有時會被誤認成花朵，苞片其實是特化的葉片，位於某些植物的花或花序基部，作為吸引傳粉昆蟲或保護花朵之用，最常見的例子就是白鶴芋包覆花序的白色佛焰苞。

根莖 會長側芽和根的蔓生地下莖。

栽培品種 由人類培育出來的植物品種。

真附生植物 這是第二種附生植物，一生都會攀附在其他植物身上，不會觸及地面。

異學名 不再使用的前屬名，例如「*Dracaena trifasciata*」的異學名是「*Sansevieria trifasciata*」，所以書寫方式就是「*Sansevieria trifasciata* syn.」。

習性 指稱植物的生長型態和結構，例如叢生或直立型。

莖穿葉 繞著節生長的苞片或葉子，看起來就像莖部直直穿過葉片。

莖幹 植物為應付嚴酷氣候，演化出來的膨大主幹、莖部或裸露塊根，主要用來貯存水分，擁有莖幹的腫莖植物又稱為壺形植物。

陸生植物 有別於水生或附生，這類植物生活在陸地上。

掌狀裂葉 葉子包含多個裂片，裂口等長，長度不超過葉柄的一半。

掌狀葉 葉形如同手掌的葉子。

掌狀複葉 這種葉子包含五個以上的裂葉，中肋從單一中心點向外延伸，呈掌狀。

裂片 葉子的凹入和突出處，可能呈圓形或尖銳狀。

黃化 當葉子製造的葉綠素不夠時就會出現黃化的現象，較為常見的肇因包括根系太擁擠或受損、土壤排水性不佳、養分不足和土壤酸鹼值不適宜。

塊莖 貯存養分和水分的地下莖，幫助植物應付惡劣的生存環境。

節 植物莖部的隆起處，以大多植物來說是新芽生長的位置，枝葉、花朵和不定根也會從此而生。

葉柄 葉子的柄，與莖部相連。

葉緣 葉子的邊緣，可能呈鋸齒狀或淺裂狀。

裝飾盆 這個名詞源自法國，指稱沒有排水孔的裝飾性盆器，需要搭配尺寸更小、有排水孔的盆器使用。

種內分類群 此分類在種之下，包含變種、亞種、變型和栽培品種。

線形 指稱細長扁平的葉子。

蕨葉 指稱蕨類或棕櫚類植物長出的裂葉和類似葉子的構造。

鋸齒葉 葉緣有缺口，如同細小鋸齒。

黏液 有機體產生的黏稠液體，以植物來說，有協助貯存養分和水分的功用；以食蟲植物來說則是吸引毫無戒心的獵物並困住牠們的陷阱。

雜交種 由同一屬的兩種植物雜交而生，在野外也可能自然發生，所有的植物都能用來培育雜交種，包括變種、栽培品種和其他雜交種。

攀緣植物 有攀緣習性的植物。

屬 在分類學中，屬包含一群有同樣特徵的植物，在科之下、種之上，書寫方式以斜體表示、首字母大寫（例如：*Monstera*）。

變型 分類學中較特殊的分類，在種和變種之下，為種內分類單位。

變種 與原物種稍有差異的植物，在種之下，亞種和變型之上，以「var.」標示。

圖鑑索引

新手

117
毛萼口紅花
Aeschynanthus radicans
LIPSTICK PLANT

163
斑馬粗肋草
Aglaonema 'stripes'
CHINESE EVERGREEN

320
聖誕卡羅蘆薈
Aloe × 'Christmas carol'
CHRISTMAS CAROL ALOE

323
螺旋蘆薈
Aloe polyphylla
SPIRAL ALOE

171
珍珠花燭
Anthurium scandens
PEARL LACELEAF

174
飄帶花燭
Anthurium vittarifolium
STRAP LEAF ANTHURIUM

149
銀點秋海棠
Begonia maculata
POLKA DOT BEGONIA

331
大蒼角殿
Bowiea volubilis
CLIMBING ONION

219
吊蘭
Chlorophytum comosum
SPIDER PLANT

305
大輪柱石化
Cereus hildmannianus 'monstrose'
MONSTROSE APPLE CACTUS

306
六角柱
Cereus repandus
PERUVIAN APPLE CACTUS

337
線葉吊燈花
Ceropegia linearis
STRING OF NEEDLES

338
愛之蔓
Ceropegia woodii
CHAIN OF HEARTS

翡翠木
Crassula ovata
JADE PLANT

326
223
羽裂菱葉藤
Cissus rhombifolia
GRAPE IVY

349
熊童子
Cotyledon tomentosa
BEAR'S PAW

310

329
星乙女
Crassula perforata
STRING OF BUTTONS

185
垂頭菊
Cremanthodium reniforme
TRACTOR SEAT PLANT

弦月
Curio radicans
STRING OF BEANS

182

象足龜甲龍

Dioscorea sylvatica

ELEPHANT'S FOOT YAM

225

西瓜藤

Dischidia ovata

WATERMELON DISCHIDIA

341

金紐

Disocactus flagelliformis

RAT TAIL CACTUS

228

五彩千年木

Dracaena marginata

MADAGASCAR DRAGON TREE

231

虎尾蘭

Dracaena trifasciata

SNAKE PLANT

347

夢露

Echeveria × 'Monroe'

MONROE

356

三角霸王鞭

Euphorbia trigona

AFRICAN MILK THISTLE

55

黃金葛

Epipremnum aureum

DEVIL'S IVY

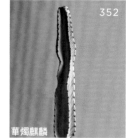

352

華燭麒麟

Euphorbia ingens

CANDELABRA TREE

355

綠珊瑚

Euphorbia tirucalli

FIRESTICKS

120

孟加拉榕

Ficus benghalensis 'Audrey'

BENGAL FIG

124

亞里垂榕

Ficus binnendijkii

SABRE FIG

127

印度橡膠樹

Ficus elastica

RUBBER PLANT

132

紅脈榕

Ficus petiolaris

ROCK FIG

135

網紋草

Fittonia albivenis

NERVE PLANT

279

澳洲椰子

Howea forsteriana

KENTIA PALM

359

綠冰蘆薈

× *Gasteraloe* 'green ice'

GREEN ICE

361

十二之卷

Haworthiopsis attenuata

ZEBRA CACTUS

201

心葉春雪芋

Homalomena rubescens 'Maggie'

QUEEN OF HEARTS

45

46

49

265

372

Hoya carnosa
WAX PLANT

Hoya carnosa × serpens
'Mathilde'
HOYA MATHILDE

Hoya carnosa var.
compacta
INDIAN ROPE HOYA

Huperzia squarrosa
ROCK TASSEL FERN

*Kalanchoe gastonis-
bonnieri*
DONKEY EARS

375

285

365

Kalanchoe luciae
FLAPJACK

Lepidozamia peroffskyana
SCALY ZAMIA

281

75

Livistona chinensis
CHINESE FAN PALM

Monstera deliciosa
SWISS CHEESE PLANT

79

268

Monstera siltepecana
SILVER LEAF MONSTERA

Nephrolepis biserrata
'macho'
MACHO FERN

Opuntia microdasys
BUNNY EARS CACTUS

366

243

191

192

196

Opuntia monacantha
DROOPING PRICKLY PEAR

Oxalis triangularis
PURPLE SHAMROCK

Peperomia caperata
EMERALD RIPPLE
PEPEROMIA

Peperomia obtusifolia
BABY RUBBER PLANT

Peperomia polybotrya
RAINDROP PEPEROMIA

91

垂椒草 199

Peperomia scandens
CUPID PEPEROMIA

琴葉蔓綠絨

Philodendron bipennifolium
horsehead philodendron

92

白金蔓綠絨

Philodendron 'birkin'
PHILODENDRON BIRKIN

102

95

白公主蔓綠絨

Philodendron erubescens
'white princess'
WHITE PRINCESS

98

心葉蔓綠絨

Philodendron hederaceum
HEARTLEAF PHILODENDRON

101

斑葉心葉蔓綠絨

*Philodendron
hederaceum* 'Brasil'
PHILODENDRON 'BRASIL'

黑金蔓綠絨

Philodendron hederaceum var. *hederaceum*
VELVET LEAF PHILODENDRON

106

龍爪蔓綠絨

Philodendron pedatum
OAK LEAF PHILODENDRON

110

綿毛蔓綠絨

Philodendron squamiferum
RED BRISTLE PHILODENDRON

113

剛果蔓綠絨

Philodendron tatei ssp.
melanochlorum 'Congo'
CONGO PHILODENDRON

114

魚骨蔓綠絨

Philodendron tortum
SKELETON KEY PHILODENDRON

61

冷水花

Pilea cadierei
ALUMINIUM PLANT

62

灰綠冷水花

Pilea sp. 'NoID'
SILVER SPRINKLES

65

鏡面草

Pilea peperomioides
CHINESE MONEY PLANT

239

275

鹿角蕨

Platycerium bifurcatum
ELKHORN FERN

276

巨大鹿角蕨

Platycerium superbum
STAGHORN FERN

233

瑞典常春藤

Plectranthus australis
SWEDISH IVY

236

爬樹龍

Rhaphidophora decursiva
CREEPING PHILODENDRON

姬龜背

*Rhaphidophora
tetrasperma*
MINI MONSTERA

283

觀音棕竹

Rhapis excelsa
LADY PALM

玉珠簾
Sedum morganianum
DONKEY'S TAIL

387

絲葦
Rhipsalis baccifera
MISTLETOE CACTUS
380

383

園蝶
Rhipsalis goebeliana
FLAT MISTLETOE CACTUS

384

毛果葦仙人掌
Rhipsalis pilocarpa

241

鵝掌藤
Schefflera arboricola
DWARF UMBRELLA PLANT

203

星點藤
Scindapsus pictus var. *argyraeus*
SATIN VINE

251

白鶴芋
Spathiphyllum sp.
PEACE LILY

389

昆布孔雀
Selenicereus chrysocardium
FERN LEAF CACTUS

377

大花魔星花
Stapelia grandiflora
CARRION PLANT

138

白花天堂鳥
Strelitzia nicolai
GIANT WHITE BIRD
OF PARADISE

141

天堂鳥
Strelitzia reginae
BIRD OF PARADISE

369

67

合果芋
Syngonium podophyllum
ARROWHEAD VINE

246

松蘿鳳梨
Tillandsia usneoides
SPANISH MOSS

249

霸王鳳
Tillandsia xerographica
KING OR QUEEN AIR PLANT

317

黃金柱
Winterocereus aurespinus
GOLDEN RAT TAIL

碧雷鼓
Xerosicyos danguyi
SILVER DOLLAR VINE

253

美鐵芋
Zamioculcas zamiifolia
ZANZIBAR GEM

綠手指

257 鐵線蕨
Adiantum aethiopicum
COMMON MAIDENHAIR FERN

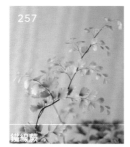
258 脆鐵線蕨
Adiantum tenerum
BRITTLE MAIDENHAIR FERN

207 綠盾觀音蓮
Alocasia clypeolata
GREEN SHIELD ALOCASIA

208 蘭嶼姑婆芋
Alocasia macrorrhizos
GIANT TARO

211 黑絲絨觀音蓮
Alocasia reginula
BLACK VELVET ALOCASIA

212 美葉觀音蓮
Alocasia sanderiana
KRIS PLANT

166 多指花燭
Anthurium polydactylum
POLYDACTYLUM ANTHURIUM

173 國玉花燭
Anthurium veitchii
KING ANTHURIUM

177 長葉花燭
Anthurium warocqueanum
QUEEN ANTHURIUM

145 虎斑秋海棠
Begonia bowerae
EYELASH BEGONIA

146 異色秋海棠
Begonia brevirimosa
EXOTIC BEGONIA

150「Mazae」秋海棠
Begonia mazae
MAZAE BEGONIA

盾葉秋海棠 **153**
Begonia peltata
FUZZY LEAF BEGONIA

白瓶吊燈花
Ceropegia ampliata
CONDOM PLANT

334 龍爪蔓綠絨 **154**
Begonia rex
PAINTED LEAF BEGONIA

彩葉芋 **158**
Caladium bicolor
FANCY LEAF CALADIUM

乳脈彩葉芋 **161**
Caladium lindenii
WHITE VEIN ARROW LEAF

83 小竹芋
Calathea lietzei
PEACOCK PLANT

217 芋
Colocasia esculenta
ELEPHANT EAR

313 綠之鈴
Curio rowleyanus
STRING OF PEARLS

314 藍粉筆
Curio talinoides var. mandraliscae
BLUE CHALK STICKS

261 兔腳蕨
Davallia fejeenis
RABBIT'S FOOT FERN

181
異色山藥
Dioscorea dodecaneura
ORNAMENTAL YAM

344
雪蓮
Echeveria laui
LAUI

123
垂榕
Ficus benjamina
WEEPING FIG

131
琴葉榕
Ficus lyrata
FIDDLE-LEAF FIG

84
馬賽克竹芋
Goeppertia kegeljanii
NETWORK CALATHEA

87
青蘋果竹芋
Goeppertia orbifolia
PEACOCK PLANT

263
澤瀉蕨
Hemionitis arifolia
HEART-LEAF FERN

50
心葉毬蘭
Hoya kerrii
SWEETHEART HOYA

53
線葉毬蘭
Hoya linearis
HOYA LINEARIS

72
多孔龜背芋
Monstera adansonii
SWISS CHEESE VINE

白斑龜背芋
76
Monstera deliciosa 'borsigiana variegata'
VARIEGATED SWISS CHEESE PLANT

271
波士頓腎蕨
Nephrolepis exaltata
var. *bostoniensis*
BOSTON FERN

188
瓜皮椒草
Peperomia argyreia
WATERMELON PEPEROMIA

105
榮耀蔓綠絨
Philodendron melanochrysum ×
gloriosum 'glorious'
PHILODENDRON 'GLORIOUS'

專家

215
虎斑觀音蓮
Alocasia zebrina
ZEBRA ALOCASIA

295
眼鏡蛇瓶子草
Darlingtonia californica
COBRA LILY

299
瓶子草
Sarracenia sp.
TRUMPET PITCHERS

297
捕蠅草
Dionaea muscipula
VENUS FLY TRAP

287
毛氈苔
Drosera sp.
SUNDEW

290
豬籠草
Nepenthes sp.
PITCHER PLANTS

養護索引

光線需求

濕度

生長型態

懸垂型

學名索引

致謝

本書能夠順利出版都要感謝以下熱愛植物的植栽達人和
各單位的鼎力相助。

園藝顧問珍・蘿絲・洛伊德（JANE ROSE LLOYD）

珍是應用園藝系出身，喜歡植物的她不僅是園藝學家、研究學者，更會栽培室內植物，可說是全方位的植栽達人。她在墨爾本開了一家室內植物商店「綠植市集」（The Plant Exchange），與植友麥可・契斯特共同經營，主要販售罕見稀有的室內植物並提供植栽布置和設計的服務。當初為了拍攝著作《室內叢林》（Indoor Jungle）需要的照片，我們造訪了他們在墨爾本的住所，親眼見識到 500 多種植物，也因此認識了她。珍專精二名法、植物辨識和為特定空間做植栽設計，她致力於建構人與植物互利共生的關係，與我們秉持的信念不謀而合。

插畫家伊蒂絲・瑞瓦（EDITH REWA）

伊蒂絲大學就讀織品設計系，如今已是炙手可熱的插畫家和織品設計師，本書充滿了她精緻的插畫，讓人一眼就能看出她對大自然的愛。

雪梨皇家植物園，南緯 25 度溫室

雪梨皇家植物園座落在雪梨港邊，緊鄰中央商業區，是貨真價實的綠洲，園區包含玫瑰園、蕨類植物園、多肉植物園、國家植物標本館和大名鼎鼎的南緯 25 度溫室，其中一間溫室禁止出入，另外一間偶爾會開放民眾參觀，所以兩間都能參觀真的是十分難得。溫室不僅充滿浪漫氣息，更是綠意盎然，種滿了各式各樣的熱帶植物，包括花燭屬、海芋屬、喜林芋屬、豬籠草屬、蕨類和秋海棠屬等的罕見品種，琳瑯滿目，讓我們看得目不轉睛。

南緯 25 度溫室的植物請見 4, 5, 22, 23, 109, 117, 160, 171, 176, 179, 189, 206, 213, 234, 259, 261, 277, 291, 400, 415 頁。

雪梨皇家植物園，花萼展覽館

花萼展覽館位在雪梨皇家植物園，是新建成的多功能展演空間，在我們造訪的當下，剛好碰上園區舉辦的第四場展覽「進擊的植物」，活動展期是 2018 年 10 月到 2020 年 3 月，介紹大約 25000 種食蟲植物。花萼展覽館旨在培育新一代的植物迷和園藝專家，勇於為大自然發聲。

花萼展覽館的植物請見 287, 292, 293, 295, 297, 299, 411 頁。

栽培家安諾・里昂（ANNO LEON）

安諾是位 DJ、攝影師兼擁有眾多植物收藏的栽培家，我們已經關注他很多年了。在我們準備出版第二本書《室內叢林》時，他非常大方地同意讓我們到他種滿植物的家中拍攝照片，而在我們撰寫本書的時候又再度出借了他的私人收藏。安諾是栽培好手，很樂意跟植友分享豐富的園藝知識和植株，他精心栽培打理的秋海棠、天南星科植物、毬蘭等盆栽讓我們拍攝起來意猶未盡。

安諾的植物請見 2, 14, 17, 36, 47, 52, 69, 84, 97, 103, 104, 107, 108, 125, 144, 148, 151, 152, 167, 172, 175, 195, 203, 210, 223, 225, 238, 285, 303, 304, 377, 392 頁。

基斯・瓦勒斯苗圃的基斯・瓦勒斯與高登・蓋爾斯

擁有多年交情的基斯和高登於 1976 年成立苗圃，種植各種各樣的室內植物，以蕙蘭、蕨類和秋海棠最為出名。高登是擁有超過 60 年資歷的蘭花育種家，而出生於大吉嶺的基斯則已經栽種植物超過 40 年，兩人的苗圃充滿溫馨的氛圍，總讓人感到賓至如歸，他們也將員工視為家人，每天都會一起享用午餐。當初在寫第一本書《植感生活提案》（Leaf Supply）時，我們就有拍攝過他們種植的植物，這次再度來到苗圃，我們不僅拍了常見的植物，更有幸一窺私人溫室裡較為特殊珍稀的品種。

基斯和高登的植物請見 18, 21, 34, 48, 51, 77, 78, 126, 130, 155, 163, 169, 193, 197, 217, 243, 247, 256, 312, 357, 367, 382 頁。

綠廊苗圃的傑洛米・克里奇利

傑洛米是綠廊苗圃的老闆兼經營者，販售優質的室內室外植物。他在大學主修園藝學，多年來在美國和家鄉澳洲的園藝產業累積了不少經驗，如今他的苗圃已經邁向第 16 個年頭，他還會定期出國參觀苗圃和展覽會，了解目前潮流和最新的栽培技術。綠廊苗圃的團隊非常注重植物與天然微生物的共生關係，因此會避免使用化學農藥，改為植物接種益菌，幫助它們成長，此舉對於大自然也有益無害。《植感生活提案》中有部分植物就是傑洛米的收藏，這次他也很慷慨地敞開苗圃大門，讓我們替本書拍攝照片。

傑洛米的植物請見 61, 67, 82, 94, 185, 317, 321, 322, 324, 328, 331, 335, 336, 341, 345, 346, 349, 354, 359, 374, 385 頁。

攝影師賈琪・特克

賈琪拍攝的出色照片時常出現在澳洲知名雜誌和電子雜誌上，包括《Inside Out》生活家飾雜誌、《Real Living》室內設計雜誌、《Broadsheet》都市指南雜誌和《The Design Files》線上設計雜誌，她完美捕捉到植物的美，合作起來非常愉快。

謝詞

我們要在此向澳洲原住民依奧拉國的蓋迪該爾族致意，
並向過去、現在和未來的長老獻上最高的敬意。

在第二本書《室內叢林》出版之際，我們的發行人 Paul McNally 隨口提及可以考慮再出第三本，多虧他如此信賴我們，在撰寫這些書的過程中，才能不斷發掘自己作為作家的潛能，沉浸於創作的喜悅，出版精美的園藝書籍，感謝出版社團隊的大力相助。

致我們的編輯 Lucy Heaver，謝謝你的指引和專業，耐心地協助我們進一步探索室內植物的世界。另外還要感謝伊蒂絲・瑞瓦，她精緻的植物插畫讓我們讚嘆不已，替這本書增色不少。

我們能夠搶在新冠肺炎疫情讓全世界停擺之前拍攝完本書所需的照片真是極其幸運。很高興和攝影師賈琪・特克共事，她的熱忱、敬業態度和獨到的眼光協助我們忠實呈現植物之美，她的可靠助理 Meg Litherland 也功不可沒，兩人為了拍出最完美的照片著實費盡心思。

在被疫情帶來的混亂和恐慌籠罩的同時，我們能把全副心力放在完成這本書，有種因禍得福的感覺。面對瞬息萬變的疫情和寫書的壓力，我們非常感謝 Pia Mazza 和 Sarah McGrath 替我們打點好植栽選物所的一切。

因為本書，得以再訪我們最欽佩的植友的收藏和他們充滿綠意的住所與苗圃，像是能再度拍攝並沉醉於里昂的私人收藏實在是太幸福了，在他的循循善誘下，我們現在已經是植物刷的愛好者；另外回到我們最愛的苗農克里奇利的綠廊苗圃，和瓦勒斯與蓋爾斯的基斯・瓦勒斯苗圃拍攝感覺是值得紀念的里程碑，還記得當初為第一本書準備素材時跑到他們的苗圃，戰戰兢兢地自我介紹的感受，轉眼間好幾年過去了，我們現在已是志趣相投的朋友，在他們的指導下，我們個人和事業都有所成長，他們對於這些書的出版也提供莫大的幫助。

對於植物迷來說，雪梨皇家植物園是個聖地，有機會能拍攝南緯 23 度溫室，甚至是花萼展覽館可說是美夢成真，多謝在雪梨皇家植物園工作的植友 Kate Burton 幫忙爭取參訪機會，也感謝 Bernadette 和 Tanisha 協助協調拍攝事宜與取得許可。

本書的另一位功臣是無所不知的園藝學家洛伊德，她淵博的園藝知識和鼓舞（她將本書的植物簡介形容成給植物的情書，讓我們心花朵朵開）無可取代，希望未來還有機會與她共事。在此我們還要謝謝所有買過我們的書的讀者，多虧有你們，我們才有機會精進自己、持續創作並與更多志同道合的植友交流，做我們喜愛的事。

我們個人想要向以下的人致上謝意……

蘇菲亞 我真的是三生有幸才能擁有如此支持關心我的親朋好友，謝謝我的爸媽珍妮絲和路易斯空出將近兩週的時間幫我照顧拉菲（也在我們家有需要時伸出援手），讓我可以專心完成草稿；謝謝我的姊妹奧莉維亞、兄弟丹尼爾和弟妹翠娜替我加油打氣，願意在大半夜跟我聊食蟲植物。麥克和拉菲，我愛你們；最後，蘿倫，你是最棒的工作和創作夥伴，我能走到今天都是因為有你在我身邊！

蘿倫 能夠完成這本有趣但工程浩大的書都要歸功於我家人的支持，我的爸媽茉莉和理查不僅時時提供協助，更是最挺我的人，還有我貼心的老公安東尼和女兒法蘭琪，我愛你們。感謝這一路上不斷鼓勵我的親友，謝謝你們無論身在何處都會跑到書店拍架上的書，傳照片給我看。致蘇菲亞，你是不可多得的合夥人和寫作夥伴，不管是植栽選物所還是出版書籍都因為有你的參與而更加愉快美好，謝謝你。

室內植物圖鑑
觀葉 × 多肉，從品種、挑選到照護，輕鬆打造植感生活

作者蘿倫‧卡蜜勒里Lauren Camilleri、蘇菲亞‧凱普蘭Sophia Kaplan
譯者黃煜甯
主編趙思語
責任編輯黃雨柔
封面設計羅婕云
內頁美術設計李英娟

執行長何飛鵬
PCH集團生活旅遊事業總經理暨社長李淑霞
總編輯汪雨菁
行銷企畫經理呂妙君
行銷企劃主任許立心

出版公司
墨刻出版股份有限公司
地址：115台北市南港區昆陽街16號7樓
電話：886-2-2500-7008／傳真：886-2-2500-7796／E-mail：mook_service@hmg.com.tw
發行公司
英屬蓋曼群島商家庭傳媒股份有限公司城邦分公司
城邦讀書花園：www.cite.com.tw
劃撥：19863813／戶名：書虫股份有限公司
香港發行城邦（香港）出版集團有限公司
地址：香港九龍土瓜灣土瓜灣道86號順聯工業大廈6樓A室
電話：852-2508-6231／傳真：852-2578-9337／E-mail：hkcite@biznetvigator.com
城邦（馬新）出版集團 Cite (M) Sdn Bhd
地址：41, Jalan Radin Anum, Bandar Baru Sri Petaling, 57000 Kuala Lumpur, Malaysia.
電話：(603)90563833／傳真：(603)90576622／E-mail：services@cite.my
製版‧印刷漾格科技股份有限公司
ISBN978-986-289-731-7‧978-986-289-732-4 (EPUB)
城邦書號KJ2063 **初版**2022年6月 **三刷**2024年5月
定價750元
MOOK官網www.mook.com.tw
Facebook粉絲團
MOOK墨刻出版 www.facebook.com/travelmook
版權所有‧翻印必究

Plantopedia by Lauren Camilleri , Sophia Kaplan

This Edition Published by agreement with Smith Street Books Pty Ltd through the Chinese Connection Agency, a division of Beijing XinGuangCanLan ShuKan Distribution Company Ltd., a.k.a Sino-Star.

國家圖書館出版品預行編目資料

室內植物圖鑑：觀葉x多肉,從品種、挑選到照護,輕鬆打造植感生活
/ 蘿倫.卡蜜勒里(Lauren Camilleri), 蘇菲亞.凱普蘭(Sophia
Kaplan)作；黃煜甯譯. -- 初版. -- 臺北市：墨刻出版股份有限公司
出版：英屬蓋曼群島商家庭傳媒股份有限公司城邦分公司發行,
2022.06
416面；19×26公分. -- (SASUGAS ;63)
譯自：Plantopedia : the definitive guide to houseplants.
ISBN 978-986-289-731-7(平裝)
1.CST: 室內植物 2.CST: 栽培 3.CST: 園藝學
435.11   111007659